飞渡银河的匠人精神

科幻电影中的先进制造

吕哲 金正/著

U0298929

科学出版社

北京

图书在版编目（CIP）数据

飞渡银河的匠人精神：科幻电影中的先进制造 / 吕哲，金正著. —北京：科学出版社，2019.8
　ISBN 978-7-03-061986-0

　Ⅰ.①飞… Ⅱ.①吕… ②金… Ⅲ.①机械制造工艺
Ⅳ.①TH16

　中国版本图书馆 CIP 数据核字（2019）第166194号

责任编辑：王亚萍 / 责任校对：杨　然
责任印制：师艳茹 / 整体设计：北京八度出版服务机构

*科　学　出　版　社*出版
北京东黄城根北街 16 号
邮政编码：100717
http://www.sciencep.com

*北京凌奇印刷有限责任公司*印刷
科学出版社发行　各地新华书店经销

*

2019年8月第 一 版　开本：880×1230　1/32
2019年8月第一次印刷　印张：8

字数：200 000

POD定价：　45.00元
（如有印装质量问题，我社负责调换）

序

　　1969年7月20日，随着"阿波罗11号"的登月舱在月球表面着陆，人类第一次踏足另一颗星球的表面，完成地球生命演化史上又一次绚烂的"表演"，成为目前已知的第一个"星际物种"。

　　现代人类起源于神奇的非洲大地，无论是相较于宇宙138亿年的历史，还是地球生命诞生至今38亿年，人类进入文字时代的历史不超过一万年。是什么让人类在如此短暂的时间内，完成如此壮举呢？

　　就在"阿波罗11号"成功登月的前一年，有着"哲人导演"美誉的斯坦利·库布里克推出了他的电影代表作——《2001太空漫游》（*2001: A Space Odyssey*）。在这部电影中，库布里克用一组极具隐喻色彩的镜头，向我们昭示了这个问题的答案：受到了"黑石碑"的启示，一个猿人拿起了一根骨头做工具。此时，这根天然的骨头，成了猿人手中的一个"骨棒"。猿人用它获取食物、抵御外敌，这根骨棒就成为人类历史上的第一件工具。在《2001太空漫游》中，曾有经典一幕，那就是当猿人把手中的骨棒抛向天际的时候，骨棒最终化成了一艘宇宙飞船。

这是科幻电影史上经典的一幕，同时，也象征了创作者对人类文明进化史的致敬。我们这个被称为"智人"的物种，正是因为掌握了制造和使用工具的能力，才与其他动物有了本质区别，成为一种拥有无尽创造力的智慧生物。尽管这条通向"文明"的道路并不是一路坦途，而是蜿蜒崎岖、充满荆棘，但人类义无反顾地努力前行，才创造出今天这个恢宏灿烂的文明世界。

人类文明的历史，也是科技进步的发展史，而科技进步的证明就是各种人造器物的诞生。通俗地说，制造这些器物的行业，就是制造业，在某种意义上，人类文明的发展，就是人类制造业经历了从简单到复杂的进化过程。从开始将两块石头相互碰撞，打制石刀、石斧、石矛开始，人类逐渐学会了从自然界获取各种纤维以纺织衣物来遮羞御寒，利用黏土制陶，冶炼金属，制造车、船等各种器具……直到近代，随着蒸汽机的轰鸣，化石能源代替了人力、畜力这些原始动力，小作坊式的手工制造业被机械工业取代。随之而来的电气时代，更让曾经只存在于神话传说中的种种"神迹"，变为生活中的常见的情形。

纵观整个人类文明史，制造业的盛衰，也在某种程度上成了文明盛衰的晴雨表。在这方面，有着五千年悠久历史的中华文明可谓体会颇深。当文明的曙光在东方乍现之时，精美的陶器、玉器，就曾彰显独特的东方神韵。此后，无论是"丝绸之路"，还是"瓷器之国"，中华文明都以其巧夺天工的造物向世界展示着博大精深的文化。而"四大发明"的传播，则从根本上改变了人类文明的进程。虽然近代以来，中华文明饱受"器不如人、技不如人"的苦难，但这份苦难也成为中华民族砥砺前行的不竭动力。在"德先生（民主）"和"赛先生（科学）"的感召下，中华民族再次走上民族复兴的伟大征程。当今，中国已经成为世界上屈指可数的拥有完整制造业体系的大国，这既是对历史传统的继承，也是对未来的昭示。

本书的主题是讲述"科幻电影中的先进制造"。有人说，科幻电影代表了工业时代人类对未来世界和未知领域的极致想象。其中，各类神奇的机器设备便成为人类探索精神的形象载体。这些存在于"光影"中的神奇机器，有些已经或将要成为我们生活中的一部分，可能是当初电影的创作者都不曾预料到的。而我们写作本书的目的，就是寻找科幻电影与现实的连接点，让读者能够感受到科学幻想与现实生活间的真正距离。

"未来已来,只是未被感知！"但愿这本书，能够帮助诸君感知过去、现在与未来的持续不断的时代脉动，成为这个变革时代的先知先觉者，愿"原力"与你同在！

目 录

C O N T E N T S

第01章

《飙风战警》: 蒸汽机如何驱动"蜘蛛怪"

【影片信息】

电影名称：飙风战警；

英文原名：*Wild Wild West*；

出品年份：1999年；

语言：英语；

片长：107分钟；

导演：巴里·索南菲尔德；

主演：威尔·史密斯、凯文·克莱恩、

肯尼思·布拉纳。

《飙风战警》描绘的是1869年的美国，内战给这个年轻的共和国所造成的创伤尚未痊愈。尽管美国内战是以主张分裂的南部联邦的失败而告终，但南方叛军余党的活动仍旧非常猖獗。他们在暗中策划各种阴谋活动，不断威胁着国家的安全和统一。为此，时任美国总统的格兰特将军派出他手下最精干的特工人员去对付这些恐怖分子，意图将他们的阴谋扼杀在萌芽之中。

　　陆军黑人情报官詹姆斯·韦斯特上尉和联邦特警阿默·高登是总统手中的"两张王牌"。在经历了一系列"不打不相识"的戏码后，两人终于成了合作默契的搭档，并追查到整个事件的幕后黑手就是曾经为南方叛军效力的"科学鬼才"——勒弗里斯博士。然而，在追踪勒弗里斯博士的过程中，两人都险些丧命。

脱离危险后，韦斯特和高登费尽周折，终于找到了勒弗里斯所在的大本营黑蜘蛛谷。在那里，他们看到"科学鬼才"的终极作品，一只由蒸汽驱动的、将近三层楼高的机器大蜘蛛。凭借这只"蜘蛛"的震慑力，勒弗里斯生擒了格兰特总统，并威胁他在解散联邦的同意书上签字。关键时刻，韦斯特和高登赶到，救出总统，并让勒弗里斯受到了应有的惩罚。

电影《飙风战警》中庞大的蒸汽蜘蛛一定让所有观众都印象深刻。尽管科学技术告诉我们，在没有复合材料、精密液压系统、高速计算机和电子传感设备的情况下，要制造出这样一个机器"怪物"，并让它成为一件实战兵器，几乎是不可能完成的任务。不过，在"蜘蛛"背上竖起的那根高高的烟囱，却让生活在现代的我们回忆起一位"老朋友"，那就是帮助人类打开工业时代大门的"钥匙"——蒸汽机。

　　蒸汽机是将蒸汽的能量转换为机械功的往复式动力机械。这种机器的雏形产生于公元1世纪的亚历山大里亚①。当时，古罗马著名的学者、发明家、大工匠希罗（Heron）根据空气力学原理发明了一种"汽转球（Aeolipile）"。这种装置在运转时，需要把一口锅中产生的蒸汽通入中空的圆球里，蒸汽再从圆球的两个喷嘴喷射出去，喷气的反冲力作用使球旋转。从本质上说，汽转球不过是一种玩具，但它所依据的喷射作用原理却成为后世众多杰出发明的基础。据说，希罗还曾设计过一种能自动开启或关闭神庙大门的蒸汽装置。但随着岁月的流逝，希罗这项发明早已淹没在时间的长河中。

① 亚历山大里亚一般指亚历山大，现为埃及最大的海港，也是埃及第二大城市、历史名城。

到了公元16～17世纪，随着社会经济的发展，对于化石燃料，尤其是煤炭的需求越来越大。但是，在英国，煤矿主不得不面对一个棘手的技术难题，那就是如何更有效率地抽排出深井中的积水。当时，主要依靠畜力拉动汲桶抽水，英国有的大矿山为此养了几百匹马，但抽水的效率依旧极低，严重制约了采煤业的发展。直到一位名叫萨弗里（T. Savery）的工程师在他的家乡研制出一种名为"矿工之友（The Miners' Friend）"，也叫"火力引擎（fire engine）"的蒸汽水泵。这种机器装置由一个蛋形容器先充满蒸汽，然后关闭进气阀，在容器外喷淋冷水使容器内蒸汽冷凝而形成真空；打开进水阀，矿井底的水受大气压强的作用经进水管吸入容器中；关闭进水阀，重开进气阀，利用蒸汽压力将容器中的水经排水阀压出。待容器中的水被排空而充满蒸汽时，关闭进气阀和排水阀，在容器外重新喷淋冷水使蒸汽冷凝。如此反复循环，用两个蛋形容器交替工作，可连续排水。虽然"矿工之友"在一定范围内得到了推广，但由于这种设备存在动作缓慢、力量有限、扬程①最多只有30米左右，而且存在易爆危险等严重缺陷，所以它的使用受到了很大的限制。

到了18世纪，英国德文郡的铁匠兼锁匠纽可门（T. Newcomen）在萨弗里蒸汽泵的基础上，对其改进发明了新式蒸汽抽水机——纽可门蒸汽机。纽可门蒸汽机把汽锅和汽桶由并排变成了上下重叠（汽锅在下）的形式，把汽桶变成了汽缸，汽缸里

---

① 水泵的扬程是指水泵能够扬水的高度，是泵的重要工作性能参数。

有一个能上下运动的活塞，活塞杆连接着一个活动杠杆的一端，活动杠杆的另一端连接着抽水汲桶的活塞杆（也称泵杆），在活塞杆上还有一个起平衡作用的重锤，杠杆（也称摇杆）的支点为一个立轴。当汽锅的蒸汽进入汽缸底部时，泵杆、重锤的重量和蒸汽的张力把活塞推到汽缸顶部，蒸汽把汽缸中的空气和水挤出；关闭汽锅与汽缸的连通处，向汽缸内部喷射冷水，使蒸汽冷凝，在汽缸内产生真空；大气压力把活塞压回汽缸底部，活塞杆通过摇杆提升泵杆，抽出深井中的积水；蒸汽重新进入汽缸，开始新一轮运转。由于大大提高了生产效率，纽可门蒸汽机在矿山开采（如金属矿和煤矿开采）中得到广泛的应用，不仅在英国非常畅销，而且还远销至欧洲其他国家。当时，安装在考文垂·格里夫煤矿的一台纽可门蒸汽机能够完成50匹马的工作量，其费用却只相当于用马工作的1/6。

当然，纽可门蒸汽机并非完美无缺，它的主要问题是热效率很低，原因是当蒸汽进入汽缸时，在刚被水冷却过的汽缸壁上冷凝而损失掉大量热量。这一问题让纽可门蒸汽机的使用成本居高不下，严重制约了它的使用范围。随着工业革命时代的到来，生产领域迫切需要一种功率更大、能耗低、效益好、既能往复运动又能旋转运动的新型动力机。这一历史重任落到了天才发明家詹姆斯·瓦特（James Watt）身上。

瓦特自幼家境贫寒，但心灵手巧，颇受称赞。19岁时，迫于生计，他不得不放弃了读大学的机会，到伦敦一家仪器制造厂当学徒。21岁时，他在格拉斯哥大学实验室获得了一份"大学数据仪器制造者"的工作，实际相当于实验室编外的后勤技工。一次，瓦特在修理一台纽可门蒸汽机时，发现这种机器存在严重的缺陷。随后，他便开始着手研究解决之道。在他的朋友、年轻的大学教授布莱克等人的指导和帮助下，瓦特想出了一个方案：将做功以后的蒸汽引到汽缸以外的另一个地方去冷凝，这样就不必每次用冷水注入汽缸中去冷却蒸汽，还可以保持汽缸较高的温度，从而减少热量的损失。可是，当瓦特开始着手把自己的想法付诸实践时，却碰到一个大难题，那就是科研经费严重不足。直到后来，企业家马修·博尔顿"慧眼识英雄"，出巨资与瓦特一起创建了"瓦特–博尔顿公司"。一方面，让瓦特的科研活动有了可靠的资金来源；另一方面，依托博尔顿的商业才能和人脉资源，也保证了新式蒸汽机的销路。

1769年，瓦特研制成功第一台样机。与以往的蒸汽机相比，有两项最重要的改进技术：其一是增加了一个与汽缸分离的冷凝器，冷凝器始终是冷的，并用一台抽气机（又叫真空泵）使冷凝器保持真空状态，在冷凝器中使蒸汽冷凝；其二是给汽缸加上一个套子，使汽缸一直保持高温状态。这样一来，蒸汽机的热效率得到大大提高，其煤耗只相当于同等功率纽可门蒸汽机的1/4，使用成本大幅降低。此后，瓦特又对他的蒸汽机设计进行了改进，包括把蒸汽机由单作用式改成双作用式，这样就能利用同样的汽缸容积产生两倍的动力，并利用蒸汽的膨胀性，只在每一冲程的开始阶段接纳蒸汽进入汽缸，此后由蒸汽的膨胀力驱动活塞，从而研制出第二代双作用旋转式蒸汽机。自此，原本只是用于矿山抽水的蒸汽机，开始在冶炼、纺织、机器制造等行业中获得迅速推广。

　　后来，美国人富尔顿利用瓦特蒸汽机制造出具备明轮①推进器的蒸汽机船——"克莱蒙脱号"，并于1807年8月18日在纽约州的哈德逊河上进行了历史性的首航。而英国人史蒂芬孙则通过不断改进前人的设计，于1829年制成了"火箭号"蒸汽机车，该机车拖带一节载有30位乘客的车厢，时速达46公里/小时。在当时的世人眼中，蒸汽机船和蒸汽机车的震撼力绝不亚于一只会动的巨型"蒸汽蜘蛛"。而正是这些"机器巨兽"推动了人类社会步入工业文明时代。

---

① 明轮，又称明轮推进器，是船舶的一种推进工具，利用明轮转动带动叶片拨水来推进船舶。

第02章

《超级战舰》: 让外星人胆寒的大舰巨炮

【影片信息】

电影名称: 超级战舰;

英文原名: *Battleship*;

出品年份: 2012年;

语言: 英语;

片长: 120分钟;

导演: 彼得·博格;

主演: 泰勒·克奇、连姆·尼森。

电影《超级战舰》讲述的是，21世纪初，人类在外太空发现了一颗与地球非常类似的行星，并通过超大型射电望远镜向其发送了联络信号，但并未收到回复。

几年后，美国及其盟友举行的"环太平洋"军事演习正在上演。一群陨石状的外星飞船突然从外太空袭来，太平洋沿岸的许多城市遭到袭击。而就在举行"环太平洋"军事演习的水域，一艘外星人的飞船从海底升起，并释放超级力场，笼罩了整个夏威夷①海域，把正在演习的舰队和外界完全隔离开。随后，外星人派出战舰对演习舰队进行了疯狂的攻击。在外星人的攻击之下，地球上最先进的舰队也无力招架，几乎全军覆灭，只有一艘"宙斯盾"驱逐舰因为另有任务而躲过一劫。

在消灭地球舰队的同时，外星人开始利用人类建在夏威夷岛上的通信设施，操控人类建造的大型通信卫星，向其母星发送导

---

① 夏威夷，美国唯一的群岛州，由太平洋中部的132个岛屿组成。夏威夷位居太平洋的"十字路口"，是亚洲、美洲和大洋洲之间海、空运输枢纽，具有重要的战略地位。

航信号，以便引导后续部队大规模地进攻地球。在收到这个消息后，幸存的驱逐舰准备前去摧毁外星人的通信设施，结果在半路上，遭到外星战舰的拦截。由于外星战舰对雷达探测完全"隐身"，驱逐舰上的士兵不得不借助敷设①在海底的被动声呐系统来估算敌方的袭击位置。最终，借助日出时的阳光干扰外星军舰的瞄准系统，"宙斯盾"驱逐舰上的士兵利用舰上的所有武器，集中火力消灭了一艘外星人的战舰。然而，这些士兵还来不及享受胜利的喜悦，外星人派出的两颗轮锯飞行器便把驱逐舰切成数段。舰长不得不下令让全员弃舰。

幸存的士兵乘坐救生艇回到夏威夷军港内。这时，大多数人都已灰心丧气，但仍有人不愿放弃，因为他们还有一艘军舰可用，那就是停泊在港内，被称作海上博物馆的"密苏里号"战列舰②。而他们也不是单独在战斗，一群曾在"密苏里号"上服役的老兵，此时也站出来与后辈们一起登上战舰，再次走向战场。最终，依靠舰上的9门406毫米巨炮的多轮抵近射击③，"密苏里号"成功摧毁了外星人的旗舰，破坏了超级力场。而早已抵达力场附近的美国航母编队，立即派出舰载机攻击外星人的通信站。一场外星人侵略地球的危机，就此画上句号。

---

① 敷设指线管或线缆由一处至另一处之间的安装方式。
② 战列舰是一种以大口径火炮攻击与厚重装甲防护为主的高吨位海军作战舰艇，是能执行远洋作战任务的大型水面军舰。
③ 抵近射击，即逼近目标射击。

　　"外星人入侵地球"，对于当今这个时代的人来说已经不是多么新鲜的词汇，这早已经是现代科幻文化中的重要组成部分。不过，外星人跨越几百光年，乃至上千光年的距离，特意到地球进行海上侵袭，却是个难得一见的别致创意。只是在电影中，那些号称凝结了人类全部高科技而制成的超级战舰在外星人的武装设备面前全部不堪一击。最终，还要依靠第二次世界大战中的"明星战舰"——装备406毫米巨炮的"密苏里号"战列舰重新出场，才彻底从物理意义上粉碎了外星人的阴谋。

　　尽管时间已经过去70多年，飞机和导弹早已成为当今海上作战的绝对主角，但有一些人仍然怀念那个早已远去的"大舰巨炮"时代。而作为那个时代的杰出代表，战列舰就成了无法被遗忘的海上作战"图腾"之一。

在人类近两千年的海上作战历史中，大多数时间里，主流的作战样式是"跳帮战"，也就是战斗双方的船舰相互追逐、相互接近。当两舰船舷相接的时候，进攻方的战士会跳上对方船舰的甲板，用近战武器消灭对方的有生力量。敌舰沉没往往只是战斗的"副产品"，在多数情况下，俘获敌船才是真正的作战目标。

直到1588年格拉沃利讷海战[①]后，这种情况才彻底改变。当时，西班牙国王派出号称"无敌舰队"的庞大武装船队进攻英格兰，结果遭到由法兰西斯·德雷克所率领的英格兰舰队的沉重打击，最终令西班牙失去了"海上霸主"的地位。而这次海战也彻底终结了"跳帮战"的主导地位，此后击沉敌舰成了最基本的海

① 格拉沃利讷海战是英西战争（英国与西班牙战争）的组成部分，发生于公元1588年。

军战术目标。从17世纪开始，世界上的主要国家开始有意识地建造风帆战列舰。这种战舰以大型木质帆船为基础，主要武器为火炮，安装于低层甲板，与龙骨呈直角，通过舷侧炮眼向外开火。这种军舰在作战时，必须始终排成纵列，当通过敌舰附近时，侧舷齐射，故而得名"战列舰"。

到19世纪中叶，随着造船技术的革新，以钢铁为船身、以蒸汽机为动力、以大口径线膛炮①为主要武器的新型战舰开始在世界各国的海军中大量服役。而真正意义上的现代战列舰则诞生于20世纪初。

1907年，英国人就着手建造出具有划时代意义的"弩级"战列舰"无畏号"。"无畏号"战列舰的标准排水量为18 420吨，采用长艏楼船型，取消了舰艏水下撞角。在火力配置上，"无畏号"采用"全重型火炮"的设计理念，5座双联装炮塔装备10门统一的305毫米口径主炮，采用统一火力控制系统，使战列舰的火力杀伤力有了质的提高。正是因为"无畏号"战列舰的优异设计，很快便成了各国海军战列舰设计的标杆。而仅仅过了两年，英国又建造出了排水量22 200吨、装备343毫米口径的"猎户座级"（又称"超弩级"）战列舰。与"弩级"战列舰相比，"猎户座级"除增加了主炮口径外，还采用了将主炮塔全部沿舰体纵向中轴线布置的形式，便于全部主炮发挥同舷侧射火力。此后，各国主力

---

① 线膛炮是在炮管内刻有不同数目的膛线的火炮。膛线能有效保证弹丸的稳定性，提高射程。

战列舰的火炮口径不断增大。到日本海军建造"大和号"战列舰时，火炮口径达到了460毫米，弹丸重达1 452千克，初速780米/秒，射程达41.15千米，射速为每管1.5发/分钟，单炮全重达2 760吨，相当于当时一艘普通驱逐舰的排水量。

然而，就在各国海军纷纷斥巨资建造大型战列舰，乃至超级战列舰时，美国陆军少将威廉·米切尔于1924年出版了《空中国防论》一书，书中用翔实的数据论证了"通过空袭能击沉所有的军舰"。而英、美、日等国的海军在训练、演习和实战中似乎也从不同程度验证了这一结论。但一直到太平洋战争爆发前，战列舰在各国海军中的主导地位始终没有被动摇，甚至对战列舰主导地位的怀疑论都会被斥为是离经叛道的异端观点。究其原因，既有客观因素，也有各国海军，尤其是海军领导者思想保守的因素。

在任何时代，海军都是高科技军种，同时也是最昂贵的军种。即便是海军中最轻型的炮舰，其单价也远远高于同时期的陆军或空军装备。一艘战列舰的造价动辄以数十亿甚至数百亿计，由于造价昂贵，服役周期最短也要8～10年。因而，海军主战装备的调整往往花费巨大，难以在短期内调整到位。

第二次世界大战后，由于航空技术和导弹武器的迅速发展，世界各国便不再建造新的战列舰。战列舰也逐渐成为历史名词，仅存的一些战列舰也成为各国海军博物馆中的展品，供后人凭吊瞻仰。

第03章

《奇爱博士》：核武器的诞生之谜

【影片信息】

电影名称：奇爱博士；

英文原名：*Dr. Strangelove or: How I Learned to Stop Worrying and Love the Bomb*；

出品年份：1964年；

语言：英语；

片长：93分钟；

导演：斯坦利·库布里克；

主演：乔治·斯科特、彼特·塞勒斯等。

杰克·里珀是美国战略空军基地的司令官。某日，里珀将军突然给自己的副官曼德里克打了一个电话，命令战略空军基地立即转入战时状态，切断一切对外通信，禁止人员自由出入，对所有敢于靠近基地的陌生人格杀勿论。同时，他还命令基地统辖的B-52战略轰炸机群立即向苏联境内目标展开战略核打击行动。事实上，此时的美国及盟国并没有遭到来自苏联方面的进攻，而里珀将军下达这一系列疯狂命令的原因，竟然是他认为从1946年开始实行的在饮用水中加氟防治蛀牙的做法，是苏联企图毒害美国人民的一个重大阴谋。

面对严峻的形势，美国总统不得不招来苏联驻美大使，并直接给苏联的部长会议主席打电话寻求对策。但从苏联领导人的口中，美国总统和他的幕僚得知了一个更糟糕的消息——苏联已经制造出足以摧毁地球的"末日装置"，该装置将会在苏联遭到核

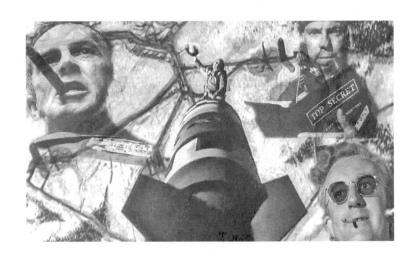

攻击时自动启动，人力无法阻止。此时，唯一的解决办法就是召回所有的轰炸机群。为此，美国总统下令向里珀指挥的战略空军基地展开全面进攻。

以上内容来源于科幻电影《奇爱博士》，故事中不愿做俘虏的里珀选择饮弹自尽，大部分战略空军基地的轰炸机奉命返航，另有3架轰炸机已经被苏联方面击落，只剩下康格少校指挥的一架B-52战略轰炸机。由于被苏联的防空导弹击伤，通信系统遭到损坏，这架轰炸机没有接到返航命令，义无反顾地向预设目标飞去，最后把两枚千万吨当量[①]的氢弹投掷到位于苏联远东地区的一处弹道导弹生产基地。

随着蘑菇云的升起，"潘多拉的盒子"[②]被打开了，世界的毁灭已经不可逆转。在电影中，当末日之门开启之时，一个自称"奇爱博士"的人现身国防部作战室，开始用自己无与伦比的"智慧"和无法抑制的"激动之情"，描述起一个令人向往的地下矿坑"新纪元"的生活画卷……

某日，一架美军的B-47轰炸机从英国某空军基地上空呼啸而过。地面上，一位英国军官手中的咖啡杯应声而落，旁边的一位同事半开玩笑地说："第三次世界大战就会这样来临了。"正是这句无心之语，触动了失手打碎咖啡杯的人。他叫彼得·乔治，在

---

① 当量指与特定或俗成的数值相当的量，文中应指的是TNT当量，即用释放相同能量的TNT炸药的质量表示核爆释放能量的一种习惯计量。
② 潘多拉的盒子又称潘多拉魔盒，源于希腊神话中的一则故事，后世常以此比喻"灾祸之源"。

此后的三个星期里，乔治奋笔疾书，完成了核战争题材的科幻小说——《红色警戒》。1964年，著名导演斯坦利·库布里克把这部小说改编成电影，这就是《奇爱博士》。

其实，这部电影的灵感与1945年7月15日凌晨发生在美国新墨西哥州阿拉莫戈多的一片沙漠地带中的一声巨响有关。当时，随着起爆装置的发动，人类历史上的第一次核爆炸呈现在世人面前。随着一声巨响，火球腾空而起，核爆炸以人类难以想象的方式，向周围释放出巨量的光和热。巨大的能量驱动着炙热的空气，形成的狂风席卷大地。而更加致命的是随之而来的大量核辐射。转瞬间，硕大的蘑菇云腾空而起，天空中刚刚升起的太阳，也似乎被它的光芒所掩盖。这就是当时美国秘密实行的原子弹制造计划——"曼哈顿计划"。在场的该研究计划负责人奥本海默面对此情此景，不由得想起了古印度诗篇《薄伽梵歌》中的诗句——"漫天奇光异彩，有如圣灵逞威，只有一千个太阳，才能与其争辉。我是死神，我是世界的毁灭者"。

这一切源于首次核爆炸成功的40多年前，瑞士伯尔尼专利局中一位小职员的天才大脑。这个人就是被后世所熟知的物理学家——阿尔伯特·爱因斯坦。

1905年，爱因斯坦提出，物质的质量和能量可以互相转化，即质量可以转化成能量，能量也可以转化成质量，并且不违反能量守恒定律和质量守恒定律。具体来说，就是任何具有质量的物体，都贮存着巨大的内能，而且这个由质量贮存起来的能量大到令人难以想象的程度。如果用数学表达质量与能量的关系的话，则是某个物体贮存的能量等于该物体的质量乘以光速的平方，用数学公式表达为$E=mc^2$，即质能转换方程，其中E代表能量，m代表质量，c代表光速。而这也意味着，理论上质量很小的物质中可以释放出巨大的能量。当时，很少有人注意到这个发现可能给人类社会带来的巨大改变。但有一个例外者，他就是英国科幻大师赫伯特·乔治·威尔斯。早在爱因斯坦提出质能转换方程9年后的1914年，他就出版了科幻小说《获得自由的世界》，书中预言了原子能、核战争及由此给人类社会带来的巨大改变，令人不禁拍案称奇。

然而，从科学理论的提出到制造出真正的原子弹，人们还得一步步探索、研究。1938年，物理学家哈恩和他的助手斯特拉斯曼发现，在用慢中子轰击原子核的过程中，产生了钡元素，轰击过程还伴随着大量的热释放出来。物理学家莉泽·迈特纳很快就意识到，这正是她早年曾经预言过的现象。于是，她便与自己的外甥弗里施合著一篇论文，文中将这种现象称为"核裂变"。后来，物理学家玻尔与约翰·惠勒合作，建立了液滴模型，进一步解释了核裂变背后的原理。简单来说，原子核包括质子和中子，呈液滴状，当另一个中子发射出来击中了这个"液滴"，它就会开始剧烈振动，并逐渐形成花生状，最终一分为二，在此过程中，释放出能量和新的中子。这个发现打开了核裂变由基础科学研究转向实用工程技术的大门。

此时的欧洲已经是战云密布，以阿道夫·希特勒为首的纳粹德国也注意到核武器的重要性。于是，以纳粹党卫军头目希姆莱为首，德国秘密组建了原子武器研究机构，德国物理学家海森堡成为该机构的技术负责人。而此前，通过《慕尼黑协定》[①]，纳粹德国已经侵占了捷克斯洛伐克，从而占有当时世界上最大的铀矿，并掌控了当地实力雄厚的化学工业。而在世界另一边的美国，无论是其情报机构，还是流亡到美国的物理学家，都从不同渠道获知了纳粹德国正在积极研发核武器的消息。为此，包括爱因斯坦在内的科学家联名致信时任美国总统罗斯福，希望美国尽快展开核武器研究，以免被纳粹德国捷足先登，造成不可挽回的后果。

1939年年底，海森堡通过研究，证明核能确实存在，而且可以通过链式反应产生巨大的能量。我们都知道原子核是由质子和中子组成的，链式反应则是当核裂变发生后，释放出能量和新的中子，这些被释放出来的中子又会被射入到邻近的原子核中，引发新的核裂变，从而，造成仿佛爆竹"连环爆炸"式的效果。在当时，人们发现，天然环境中的铀^{238}不适宜作为核裂变的原料，而高浓度的铀^{235}更合适。但自然界中的铀^{235}含量非常有限，其化学性质跟铀^{238}一致。因而，如何获得高纯度的铀^{235}就成了美德两国科学家面临的共同难题。

此外，另一个急需解决的问题是选用何种物质作为"减速剂"。物理学家恩利克·费米通过实验发现，如果射向原子核的中子速度太快，则不容易被原子核"捕获"，而如果采用某些物

①《慕尼黑协定》全称《关于捷克斯洛伐克割让苏台德领土给德国的协定》，是1938年9月29日至30日，英国、法国、纳粹德国、意大利四国首脑在慕尼黑会议上签订的条约。

质作为中子"减速剂"，那么慢中子被原子核"捕获"的概率就会增加，在链式反应中释放出的能量也会大大增强。经过反复试验，费米发现，重水①是最为理想的"减速材料"。后来，费米又被选为世界上第一个能够实际投入运转的核反应堆攻关小组组长，使其研究被成功运用。

1942年6月，美国正式启动了研制原子弹的"曼哈顿计划"。在美国物理学家罗伯特·奥本海默的带领下，来自世界各地的1 000多名科学家和成千上万的文职研究人员及军事人员参与到这项计划中。最高峰时，有大约50万人直接或间接地服务于"曼哈顿计划"。美国政府为这个计划耗资高达25亿美元，这也是人类历史上第一个以政府为主导的大型科研工程。

当时，人们已经发现，有两种物质可以作为原子弹的裂变材料，即铀²³⁵和钚²³⁹。前者需要使用物理方法分离，而后者则需要使用核反应堆或化学方法取得。由于当时还不知道哪种元素更适合作为核裂变材料，美国人选择两项研究同时"上马"。最后的结果让人比较难以抉择——使用铀²³⁵作为裂变材料的铀弹，虽然产量有限，但能够使用原理相对比较简单的枪法型②构型，成功

---

① 普通的水分子（H_2O）是由两个氢原子和一个氧原子所组成。而重水分子（D_2O）是由两个氢原子的同位素"氘"原子和一个氧原子组成的。因为氘原子比一般氢原子多一个中子，因此造成重水分子的质量比一般水要重，故称为"重水"。在自然界中，重水的含量极少。
② 枪法型又称压拢型，是制造原子弹的构型之一，该方法只适用于铀²³⁵，应用较少，但设计较为简单直观，可以不需要核爆炸试验。1945年，美国投放于日本广岛的原子弹（代号为"小男孩"）即为枪法型原子弹。

引爆的可能性大；使用钚239作为裂变材料的钚弹，虽然需要的裂变材料的质量要比铀弹少得多，但必须采用较为复杂的内爆型[1]构型。

为了验证钚弹的可靠性，美国政府决定进行一次原子弹爆炸试验。于是，代号为"瘦子"的人类历史上第一颗实际爆炸的原子弹被安装到高达100米的铁架上，随着它的炸响，人类终于释放出了那个原本被禁锢在原子核里的"魔鬼"，并使之成为高悬在全人类头顶的"达摩克利斯之剑"[2]。

客观地说，虽然核武器的发明让第二次世界大战终结，但爱因斯坦曾不无遗憾地表示，后悔制造研制原子弹。1948年7月，他在写给"国际知识界和平大会"的信中说道，"科学家的悲剧性命运使我们帮忙制造出了更可怕、威力更大的毁灭性武器。因此，防止这些武器被用于野蛮的目的是我们义不容辞的责任。"

在今天，原子能及核技术依然被应用，但却不是作为战争的工具，而是以一种新能源的身份为人类带来"福音"。我们反对核战争，但却不反对合理利用核能。

---

① 内爆型又称压紧型，是制造原子弹的两种构型之一，该方法适用于将钚239由亚临界状态瞬间压缩成超临界状态，以释放巨大能量，该方法设计较为复杂，往往需要核爆炸试验来验证设计。美国试验的第一颗原子弹和投放于日本长崎的原子弹（代号为"胖子"）采用该方法设计。
② 达摩克利斯之剑是来源于古希腊的传奇故事，通常被用于象征拥有强大力量但非常不安全，很容易被夺走，使人内心十分不安的东西。

第04章

《电子世界争霸战》: 芯片帝国的崛起

【影片信息】

电影名称：电子世界争霸战；

英文原名：*Tron*；

出品年份：1982年；

语言：英语；

片长：96分钟；

导演：史蒂文·利斯伯吉尔；

主演：杰夫·布里吉斯、布鲁斯·鲍克斯雷特纳、大卫·沃纳。

《电子世界争霸战》讲述的是，在人类世界的游戏厅中，人声鼎沸，大家痴迷于一款名叫"光影摩托"的游戏。只是他们并不知道，在英康公司的电脑系统中，这也是"主控程序"的得力手下萨克的最爱。他非常享受在这样的死亡游戏中击败对手的乐趣。

　　而作为电子世界里最强大的控制程序，"主控程序"则掌握着这个世界的规则。它能够肆意绑架其他用户服务程序，训练他们，并让他们参加死亡竞技游戏。这些用户服务程序中，有的是一些财务核算程序，有的则是像空军战略指令那样的机密程序。"主控程序"通过这样的方式，不断获得对电子世界更多的控制权。

　　在影片中呈现的现实世界里，程序员弗林利用自己编写的程序"克鲁"，潜入英康公司的系统，但就在"克鲁"开着坦克混入数据流时，却不幸被门状的守护者"飞船"发现。激烈的交火后，"克鲁"的坦克被撞毁。侵入系统失败让弗林沮丧不已。

　　与此同时，英康公司的高层艾德很快就从"主控程序"那里得知有侵入者的消息。"主控程序"还告诉艾德，这个侵入者就是英康公司曾经的员工弗林，目的是在找那些"老文件"。于是，为了安全起见，艾德决定暂时限制用户的接入权限。而此时，电脑工程师艾伦突然发现，他设计的安全程序"创"已被"主控程序"劫持，自己的用户接入权限也被关闭。艾伦为此去找艾德理论，但却被艾德三言两语地打发出去。接着，"主控程序"竟然训斥艾德，认为艾德让自己处于危险之中，显然此时的艾德已经变成了"主控程序"的傀儡。

另一方面，英康公司研发出了一项具有革命性的新技术，能够把实物通过激光数字化，送进赛博空间①。而艾伦的女友劳拉正在为这个项目工作，艾伦在向女友抱怨其接入权限被取消时，劳拉突然提到她的前男友弗林，并说弗林在被公司辞退后，一直在设法侵入公司的系统。艾伦和劳拉找到弗林，弗林向他们坦诚自己之所以要侵入公司系统，是因为艾德当年抢走了他设计的软件，并因此成为英康公司的高层管理者。

为了查明真相，三人潜入英康公司，就在弗林准备侵入系统的时候，"主控程序"先发制人，把弗林数字化，传入了由它控制的赛博空间，并把数字化的弗林和其他程序"关押"在一起。在赛博空间里，失去了记忆的弗林见到了"主控程序"的爱将萨克。在这里，所有程序唯一需要做的事情就是参加训练并进行死亡赛车游戏，不服从命令的程序将被立刻销毁。

在"光影摩托"的对决中，弗林意外地遇到了艾伦开发的程序"创"，这让他回想起经历的一切。他们齐心合力，冲出萨克及手下的围追堵截。为了能够获得摧毁"主控程序"的能力，弗林和"创"兵分两路，弗林前去引开追兵，而"创"则前往能够与外界进行通信的I/O塔，设法与现实世界的艾伦取得联系。几

---

① 赛博空间是计算机领域中的一个抽象概念，指在计算机及计算机网络里的虚拟现实。

经周折，"创"通过I/O塔从艾伦那里获得了能够摧毁"主控程序"的"身份盘"，而弗林则混入守卫中，伺机救下包括"创"在内的被萨克逮捕并准备送去篡改的程序。

最终，弗林和"创"终于找到了"主控程序"的"藏身处"。而"主控程序"负隅顽抗地把其全部力量注入萨克体内，让萨克成为赛博空间内无法被战胜的"巨人"。关键时刻，弗林"跳"入"主控程序"之中，扰乱了它的运行，并打开攻击通道，"创"趁机把"身份盘"投入"主控程序"体内。"主控程序"随即被关闭，赛博空间恢复原有秩序，弗林也被传回到现实世界。

　　影片的最后，弗林等人拿到艾德盗窃弗林程序的证据，迫使其放弃英康公司所有权，弗林、艾伦和莎拉成为英康公司新的领导人。而为了感谢弗林，赛博空间给予他最高级别的访问权限。

　　《电子世界争霸战》上映于1982年，被认为是"赛博朋克[①]"类科幻电影的开山之作。上映伊始，就因其所营造的光怪陆离的数码时空而令人拍案称奇。而在当时，国际商业机器公司（IBM）刚刚推出名为"个人电脑"的计算机。这种微型计算机的显示器

---

① 赛博朋克又称数字朋克、网络朋克等，是科幻作品的一个分支，以计算机或信息技术为主题，通常围绕黑客、人工智能及大型企业之间的矛盾展开，其目的是希望号召人们来改善社会。

仅能在黑色背景上显示带有棱角的白色字符。然而，无论是电影中的奇幻世界，还是那时呆板的如方盒子一般的个人计算机，它们都有一个共同的基础，那就是芯片技术。

1958年，一个名叫杰克·基尔比的美国人，进入一家名为"得州仪器"的公司工作，成为该公司的一名电器工程师。此时，作为美国军方合作企业的"得州仪器"公司，被要求研制小型计算机设备。"得州仪器"聘用基尔比，希望让他参与当时公司正在全力推进的旨在实现计算机设备小型化的"微模型"项目。但基尔比对此兴趣索然，因为他觉得自己有更好的解决方案。他认为，与其像现在计划的那样将生产好的所有元件插接到一起，不如一开始就将它们做到一起，避免复杂的连接。为了验证自己的构想，杰克·基尔比利用其他员工外出度假的时间，独自留在半导体实验室中展开研究。

经过两个多月的努力，1958年9月12日，基尔比用全手工的方式完成了自己的，也是人类历史上第一块集成电路样品。具体来说，这是一个相位转换振荡器，有半英寸①长，由一块锗片上的两个电路组成。随后，基尔比向他的同事展示了这个样品。当他紧张地检查好连接，打开开关后，一条浅绿色的模型线横穿示波器的屏幕，画出一条完美的正弦波形，这意味着实验成功了。杰克·基尔比也因此被誉为"集成电路之父"。

就在杰克·基尔比在实验室里紧张忙碌的同时，后来成为英

---

① 英寸是一种度量单位，1英寸约为2.54厘米，半英寸约为1.27厘米。

特尔公司共同创始人的罗伯特·诺伊斯，也正在领导自己的研究团队从事与集成电路有关的研究。

1959年7月，诺伊斯研究出一种二氧化硅的扩散技术和PN结[①]的隔离技术，并创造性地在氧化膜上制作出铝条连线，使元件和导线合成一体，创造出半导体集成电路的平面制作工艺，为工业大批量生产芯片奠定了坚实的基础。与基尔比在锗晶片上研制集成电路不同，诺伊斯把眼光直接放在硅晶片上，他认为硅的商业性前景要远远超出锗。

但诺伊斯很快发现，他面临的最大问题不在于技术方面，而是在法律层面。此前，杰克·基尔比已经以"微型电路"的名义申请了专利。诺伊斯等人经过研究发现，虽然基尔比为集成电路申请了专利，却没有提出有效的大规模生产方法。于是，诺伊斯决定为其研究出的"用平面处理技术制造的集成电路"方法申请专利。最终，他获得了美国专利局的认可。

1968年，罗伯特·诺伊斯、戈登·摩尔、安迪·格鲁夫三人共同创办了英特尔公司，继续进行集成电路产品的设计和生产。不过，由于集成电路（Integrated Circuit）这个名字又长又拗口，人们开始简称其为"IC"，或是芯片（Chip）。

1969年4月，日本的计算器制造商Busicom公司联系到英特尔

---

① PN结是采用不同的掺杂工艺，通过扩散作用，将P型半导体与N型半导体制作在同一块半导体（通常是硅或锗）基片上，在它们的交界面就形成空间电荷区，称为PN结。

公司，希望为其即将推出的5款计算器开发专用处理器。此前，英特尔公司的主要业务还只集中在存储器领域，而这次它们必须同时研发只读存储器、随机访问存储器和输出设备芯片等三个核心元件。"为什么不把它们（这三个核心元件）都集成在一起呢？"负责这个项目设计工作的马西里安·霍夫提出了这个在当时看来非常惊人的构想。

起初，公司管理层对霍夫的建议并不感兴趣，因为在此之前还从来没有人这样实验过，是否可行还是个未知数。但霍夫等人最终用他们的实际行动说服管理层支持这一想法。就这样，世界上第一块实用化的计算机芯片——Intel 4004，正式进入研发阶段。研制过程自然充满了艰辛，交货期也一再推迟。Busicom公司甚至一度要中止合约。但不管怎样，Intel 4004终于被制造出来了。当时的Intel 4004集成了2 250个晶体管，每个晶体管的距离是10微米，它能够处理4位数据，每秒运算6万次，成本不到100美元。

到了1971年，随着计算器领域的竞争日益激烈，在英特尔完成Intel 4004芯片的设计和样品生产之后，Busicom公司要求英特尔降低供货价格。反复权衡之后，英特尔同意，但作为交换条件，要求Busicom公司允许英特尔在除计算器芯片市场之外的其他市场自由出售该款芯片。虽然在表面上新协议使英特尔公司的利润大幅下降，但却为该公司向其他前景广阔的应用领域进军开辟了道路。

就在英特尔公司踌躇满志地向市场推出Intel 4004芯片时，市场对这款标新立异的产品却反应冷淡，因为Intel 4004的数据处理能力实在太有限了。到了1972年，英特尔公司推出Intel 4004的后续产品——Intel 8008芯片。与4004相比，8008芯片的频率提到200千赫兹，晶体管集成总数达到3 500个，而且Intel 8008是真正意义上的8位芯片，这让8008更具实用价值。

说到Intel 8008的研制过程，其中还有一段鲜为人知的轶事。8008芯片原本是英特尔为得克萨斯州的数据点公司设计的，但这家公司由于财务状况恶化，无力再支付8008的研发费用。于是，双方达成协议，英特尔公司将独享这款芯片所有的知识产权，而且还将获得由数据点公司开发的指令集①。这套指令集奠定了今天英特尔公司X86系列微处理器指令集的基础。

虽然，Intel 8008已经是一款具有完整结构的微处理器，但

① 指令集是存储在中央处理器（CPU）内部，对CPU运算进行指导和优化的硬程序。拥有这些指令集，CPU就可以更高效地运行。

它的稳定性和可靠性还有待提高。于是，英特尔公司在1974年推出了8008芯片的升级版——Intel 8080芯片。毫无疑问，这是一款具有划时代意义的芯片产品。因为其采用了当时较为先进的复杂指令集和40管脚封装设计，8080的处理能力大为提升，其性能是8008的10倍，每秒能执行29万条指令。

Intel 8080的推出宣告了一个新时代——微型计算机和个人电脑时代的到来。正是由于微处理器的发明，电子计算机产品的体积才得以大大缩小，价格不断走低，性能却大大提升。普通公众的工作、生活、娱乐方式也因此发生了革命性的变化。

如今，40多年过去了，各种各样的芯片产品应用在生活的每一个角落之中。尽管大多数情况下，我们并不能直接看到它们，但它们却在不断地改变着我们的工作和生活方式。在科幻作品中，芯片甚至有可能成为我们身体的一部分，人类也将可能成为一种"碳/硅"生物，这大概是那些为研制芯片而不懈努力的前辈所不曾想到的吧！

第05章

《未来世界》: 仿真机器人的是与非

【影片信息】

电影名称: 未来世界;

英文原名: *Futureworld*;

出品年份: 1976年;

语言: 英语;

片长: 108分钟;

导演: 理查德·赫夫龙;

主演: 彼得·方达、布莱思·丹

纳、阿瑟·希尔。

两年前，记者布朗因为报道迪洛斯公司下属的主题公园"西部世界"里发生的机器人服务员反叛杀害游客的事件，而成为知名记者。两年后，迪洛斯公司又花费15亿美元建造了规模比原来大3倍的超级机器人主题乐园。曾经发生事故的"西部世界"板块被以太空旅行为主题的"未来世界"所取代。而布朗收到线报，提示迪洛斯公司在新的主题乐园中隐藏了一个大秘密。但是，当布朗与线人对接的时候，却有人抢先一步杀死线人，拿走了线人原本准备交给布朗的资料。布朗意识到，新乐园的秘密很惊人，作为记者，他决定不惜一切代价查出幕后凶手。

某日，迪洛斯公司的总裁找到了布朗所在的国际传媒公司，邀请其派记者参观新的主题乐园，并给予公正的报道。这显然是一场商业公关活动。最终，公司的新闻总监派出布朗和女记者贝拉一起前往"未来世界"乐园。

　　布朗和贝拉乘坐迪洛斯公司往返于乐园的专机, 同机的乘客都是世界各国政商界的名流。当专机到达游乐园后, 众人按照各自的行程, 分赴各自喜欢的主题园区。布朗和贝拉前往的是"未来世界", 那里无论是火箭发射装置, 还是太空站, 都十分逼真, 让二人叹为观止。

　　在参观了最新的游乐设施后, 迪洛斯公司的负责人又提议带他们去参观乐园的后台管理设施。不过, 这时布朗突然发现, 服务区负责招待工作的机器人偷走他的线人死亡现场的照片, 但这个机器人却不承认。布朗知道多说无益, 暂时放下这件事, 与贝拉一起, 随迪洛斯公司负责人前往乐园的后台管理区。

　　在管理区, 布朗发现了一个惊人的事实——原来, 所有负责

管理园区的工程技术人员也都是智能机器人。而迪洛斯公司的首席科学家解释说，这是为了最大限度地避免人为疏失，才做此安排。

离开管理区后，布朗和贝拉又去了已经废弃的"西部世界"乐园，但仍然一无所获。于是，两人回到宾馆休息。谁知，他们的饭菜竟然被迪洛斯公司的人偷放了安眠药。等两人睡熟后，一群迪洛斯公司的工作人员，把两人抬进分子扫描室，对他们进行了分子级别的全息扫描。原来，迪洛斯公司重开乐园的目的竟然是为了吸引世界各国、各领域的精英人士。当他们被骗到乐园后，就会被扫描复制，由迪洛斯公司的机器人替身取而代之，迪洛斯公司就能以此操纵世界。

最终，布朗和贝拉在一名迪洛斯公司工人的帮助下，揭穿了迪洛斯公司的阴谋。而迪洛斯公司的首席科学家也派出布朗和贝拉的机器人替身去追杀两人。靠着机智与默契，布朗与贝拉携手打败了各自的机器人替身，并假扮成替身逃离迪洛斯公司的新乐园，把该公司的恶行公之于众。

以上便是电影《未来世界》的主要内容。《未来世界》是一部上映于1976年的美国科幻大片，这部电影也是1973年上映的科幻电影《西部世界》的续作。在这两部影片中，故事都发生在高科技主题公园，由外观与人类无异的拟人型仿真机器人充当"服务员"，供游客取乐。所不同的是，在《西部世界》的结尾，机器人服务员因为遭到不明病毒的入侵，出现了异常，开始大肆屠杀园内的人类游客；而在《未来世界》中，经营乐园的公司利用重建的主题公园搜集各国政要、社会名流的基础数据，然后用机器人替代他们，试图以此控制世界。值得一提的是，《未来世界》是我国改革开放后，第一部引入国内的美国商业电影。在2016年，美国HBO电视网根据这两部20世纪70年代的电影，推出了电视剧版的《西部世界》，同样风靡全球。

从某种意义上说，"造人"是人类早已有之的幻想。在成书于我国战国时期的古籍《列子·汤问》中，就记载了工匠偃师向周穆王进献能歌善舞的机械偶人的故事。而在希腊神话中，火神、雕刻艺术之神赫菲斯托斯就是一个利用机械造人的高手。据《荷马史诗》记载，他曾奉众神之王宙斯的命令，为克里特国王制作了一个叫"塔罗斯"的"巨人"机器人。这个机器人每天都会绕岛三周，用大石头投掷入侵者。不过，后来这个"巨人"塔罗斯还是被寻找金羊毛的希腊英雄伊阿宋所杀。

相比于神话传说，真正设计出有据可考的自驱动、可编程机器人的人，据说是文艺复兴时期的艺术与科学大师莱昂纳多·达·芬奇。1495年前后，达·芬奇完成了一幅"机器骑士"的设计草图，现代人常称其为"达·芬奇机器人"。它的身上装有齿轮，齿轮连着缠绕绳子的转轴，主齿轮旋转的时候，绳索就会松开或拉紧，相连的四肢就会活动起来。当"机器骑士"开始运动的时候，机器人内部的齿轮组和绳索就用来拉紧或放松连接在骑士身上其他部位的绳索，操作一个部件就能产生一个肢体动作，所有的部分连接在一起就组成了一个能够活动的机器躯体。

1920年，捷克作家卡莱尔·恰佩克完成了他的舞台剧本——《罗萨姆的万能机器人》。第二年，这部科幻舞台剧在布拉格上演并引起轰动。在这部剧作中，作者把一种按照人的样子制造出来的劳动机器人命名为"Robota"。这个词在捷克语中的本意是"奴隶"，而到了英语中则被翻译成"Robot"，也就是我们现在所说的机器人。只不过在恰佩克的剧本中，"Robota"其实是一种有血有肉的人造生物，只是没有自我意识（"灵魂"）而已，更类似于后世作品中的生化人①。

20世纪40年代末，随着科技的发展，科学研究领域日益细化，各领域间相互渗透，简称"三论"的系统论、控制论、信息论相继被提出，从而为包括机器人研发技术在内的一系列高新科技的发展奠定了基础。而世界上第一台实用机器人则在1959年诞生于美国。

当时，一位名叫英格伯格的美国人与他的同伴德沃尔一同供职于一家汽车公司。在长期观察了汽车生产流水线作业后，他们开始琢磨能否用一种自动机器来代替生产线上的工人从事大量简单重复的重体力劳动。于是，他们分工进行研制，由英格伯格负责设计机器人的"手""脚""身体"，德沃尔设计"头脑""神经系统"。经过不懈的努力，他们终于取得了成功。这台机器人，外形像一个坦克的炮塔，基座上有一个大机械臂，臂上又伸出一

---

① 生化人，一般指非自然产生的，用生物化学技术创造出来的人造人类。

个可以伸缩和转动的小机械臂，能进行一些简单的操作，可代替人做一些诸如抓放零件的工作。以今天的标准来看，与其说它是一台机器人，倒不如说是一只机器手臂，但这一发明却开启了机器人时代的新纪元。

此后，英格伯格和德沃尔创办了世界上第一家机器人制造工厂，并生产出一批名叫"尤里梅特"的工业机器人，他们因此获得"世界工业机器人之父"的美誉。

自"尤里梅特"诞生之后的半个多世纪，机器人技术发展至今共经历了三代。第一代机器人是示教再现型和简单可编程机器人，即一般的工业用机器人，它们只能接受较为简单的操作指令，从事重复性较强的工作；第二代机器人是低级智能机器人，又叫"感觉机器人"，它们能获取作业环境和作业对象的有关信息，进行实时加工处理、识别分析，以做出正确判断和选择并形成一定自适应能力操作，因此又叫"自适应机器人"；第三代机器人是高级智能机器人，它不但具有第二代机器人的感知功能和简单的自适应能力，而且具有更灵活的思维功能和较强的自适应能力，因此又叫管理控制型自律机器人。未来的第四代，乃至第五代机器人将向智能化、网络化的方向发展，并且拥有真正意义上的人工智能，实现自我学习、自我管控和自主实施的功能。总之，它们将拥有越来越像人类的思维和行为方式。而在这个领域中，目前，日本的技术优势较为突出。

仿真机器人，顾名思义就是能够模仿人类的机器人，堪称目前机器人研究领域的"王冠上的珍珠"。1973年，日本早稻田大学研制成功的WABOT-1型机器人是有记载的最早的双足步行机器人。1985年，WABOT-1的改进型WHL-11在日本筑波科技博览会上展出，成为博览会上的"明星"，被誉为具有划时代意义的科技成果。但当时的WHL-11行动十分缓慢，每走一步需几秒钟的时间。

不仅是大学在研究，一向重视研发的日本企业也在仿真机器人领域投入甚多。在1986～1993年间，本田公司接连开发了E0到E6等7种行走机器人。这7种机器人都只有腿部结构，主要用来研究行走功能。在此基础上，本田公司于1993年成功研发了P-1机器人，并成功为其加上双臂，使它初步具有了"人形"。同年，更加复杂的P-3机器人也研制成功。

2000年，作为P-3的直系后裔，本田公司的Asimo机器人诞生。作为第一个真正具有商业化潜力的仿真机器人，它的诞生在世界范围内促进仿真机器人的多样化研究，将机器人应用于家庭生活的理想向前推进了一大步。

然而，对于仿真机器人，人类似乎有一种天然的恐惧感。在几乎所有的机器人科幻作品中，机器人总是会失控，甚至"觉醒"，产生自我意识，反抗人类。尤其是人工智能程序"AlphaGo"在2016年击败围棋世界冠军后，这种担心更为普遍。很多人相信，只要给机器人配上人工智能程序，它们终将失去控制，甚至像科幻电影中描绘的那样，与人类为敌。

其实，现在人们所掌握的人工智能技术，本质上仍然只是一种数学统计模型的具体应用，也就相当于是一个"计算器"，只是计算公式非常复杂，运算速度非常快而已。它之所以能够做出精准的预测和判断，是因为能够获得大量的相关数据——"吃"进去的数据越多，它的准确性越高。而随着算法的不断优化，它的能力越来越强，但这与人类大脑的"思考"方式相比，还存在着天壤之别。既然电脑还无法"思考"，自然也就不存在"觉醒"的可能。而让电脑或机器人学会像人一样"思考"，就目前的科技水平来说，还是一个遥不可及的梦想。因此，当我们在家中使用扫地机器人清洁家居的时候，完全没有必要担心它会向你"抗议"。

第06章

《天空之城》：打开"脑洞"，愿磁力与你同飞

【影片信息】

电影名称：天空之城；

日文原名：天空の城ラピュタ；

出品年份：1986年；

语言：日语；

片长：124分钟；

导演：宫崎骏；

配音主演：田中真弓、横泽启子、初井言荣、寺田农。

传说中的天空之城"拉普达"是一座飘浮在空中的神奇城市，是一片拥有高度文明与无尽财富的净土，居住在那里的人们享受着先进科技带来的幸福生活。

然而，邪恶的野心家却把天空之城当成征服世界的空中要塞。身为天空之城皇族公主的少女希达因为拥有揭开"拉普达"秘密的"钥匙"——飞行石项链，而遭到军政府秘密间谍穆斯卡和"空中海盗"朵拉一家的追捕。争斗中，希达从万米高空的飞艇上跌落下来，幸而被一名少年，也就是矿工机械师的徒弟帕苏所救。在得知希达的身世后，帕苏决定帮助希达重回天空之城。但这一路上充满了艰难险阻，希达被军队抓走，帕苏则落入了"空中海盗"之手。幸运的是，所谓的"空中海盗"，其实是一群劫富济贫的义士。在他们的帮助下，帕苏终于找到了天空之城，并救出希达。

最终，为了阻止野心家利用天空之城统治世界的阴谋，希达和帕苏一起念起"毁灭之咒"。天空之城解体，顷刻间化为一团火球坠入海中，而神奇的飞行石载着"拉普达"的生命之树，上升到天空的尽头……

1968年，日本动漫大师宫崎骏创作了科幻动画电影《天空之城》。它的灵感源于英国作家乔纳森·斯威夫特创作的《格列佛游记》，其中提到了Laputa一词，意为浮岛，音译为"拉普达飞岛"。不仅飞岛的名称、构造和飞行原理与原作别无二致，连女主人公的来历也遵循原文的描写。不过，动画电影版的《天空之城》却和小说的故事迥然不同，我们可以把故事看成是在"格列佛漫游飞岛"后二百年，发生在工业革命时期的重新诠释。它讲述了19世纪末，各路人马寻找传说中飞岛的故事。

电影《天空之城》的画面唯美，尤其是天空的别样风景。虽然那些天空中行驶的巨型飞艇，其科学道理并没有被宫崎骏解释清楚，然而它们却极富蒸汽朋克①的艺术之美。现实中在对流层那些形形色色的云彩幻化成电影中独特的意象，一同参与情节发展，也给本片提供了特殊的审美对象。

就主题而言，《天空之城》在宫崎骏的动画创作史上有一个重大意义——它是一部打着科学旗帜，"反科学"思想的科幻作品。

"反科学"一词来源于英语词汇"Anti-science"，而"Anti-science"这个词在西方学术界也没有明确的定义。不过，学术界在使用这个概念时，多指那些对科学持批判态度的思想观点。它用来描述一个松散的思潮，并没有系统的、统一的理论，也没有成形的组织；它是对科学自身弊病的理性反思，是基于事实做出的思考，而不是恶意的、简单的批判。它是一种思想而不是行动，一般而言，它能够提醒人们反思科学本身的价值问题。

"反科学"不等于"阻碍科学的思想行为"。若一个人有"反科学"思想，他必须亲密接触科学、紧密了解科学，然后自觉地对科学提出质疑。这种思想只有在近代科学产生以后才出现，而毕业于日本早稻田大学的宫崎骏，其导演的大多数动画电影都以此为重要主题之一。

---

① 蒸汽朋克代表了以蒸汽机作为动力的大型机械及一种非主流的边缘文化，其作品往往依靠某种假设的新技术，展现一种架空世界观，营造虚构和怀旧的特点。

换个视角来看，科幻动画电影《天空之城》是一篇反思科学主义①的故事。宫崎骏将反思的对象聚焦到拉普达飞岛上，在电影的高潮处，神秘的拉普达飞岛出现时已是一座空无一人的废城，观众只能通过巨大的飞行石、不计其数的机器人、堆积如山的财宝来遥想其当年的繁盛景象。宫崎骏显然无意于着重向观众介绍拉普达飞岛文明产生与发展的过程，他仅仅是以这种曾经极度繁盛的文明也最终毁灭，来强烈地震撼和冲击每位观众的心灵，从而对科学洗礼下的现代人提出质问，并思考未来人类文明应向何处发展的现实问题。

无独有偶，现实中的磁悬浮飞机研制与磁石的原理密不可

---

① 科学主义，认为自然科学是人类知识的典范，而且科学家描述的科学方法和科学图景是唯一正确的信仰。科学主义是一个颇有争议的概念。

分。这项由20世纪70年代美国麻省理工学院研制成功的技术，其成品并不是通常意义上的飞机，它像磁悬浮列车一样，在特定的轨道上运行，是一种新型的高速交通工具。其技术核心就是利用了永磁铁替代超导磁铁，产生特殊的磁力，使磁悬浮飞机在运行中能离开轨道一段距离，从而达到离轨飞行的目的，在距今半个世纪前，这项实验的运行时速已可高达近600千米/小时，可谓相当"霸气"。

磁悬浮飞机的自动控制系统、方向舵、机舱、卫星定位系统等设备都是按飞机标准设计的，机舱的两侧有牙翼，有点像飞机的机翼；尾部还有起平衡作用的尾翼。磁悬浮飞机也就是一架类似列车形态的飞行器。

除磁悬浮飞机外，在人类已知的领域，最接近拉普达飞岛形态的可能是飞碟了。飞碟准确的称谓是碟形飞行器，是一种新型的飞行装置，对碟形飞行器的研究，不仅可以拓展人类飞行器的研究领域（可满足民用、商用的需求，也可以满足国际反恐怖主义和国防安全的需求），还可用于开发和利用太空资源，进行太空操作和实验等。

　　相对于传统飞行器而言，碟形飞行器的结构更为紧密，能产生巨大的升力，并且可以通过磁力陀螺仪控制飞行器的平衡，对其进行研究具有重大的现实意义，逐渐成为世界主要飞行强国的研究重点之一。

　　所谓的磁力陀螺仪，简单地说，是指依据电磁机理，利用电能产生强大且可以万向旋转的磁场，驱动自身及其负载在磁场中运动的动力装置。磁铁之间会发生同性相斥、异性相吸的特性，磁力可以使器物悬浮于空中，也可以产生驱动力，电动机的发明也缘于此，前提是需要控制被推动物体的磁极方向。

　　我们可通过有趣的"悬空陀螺"实验来加深对磁力陀螺仪驱动的理解。例如，准备一个玩具陀螺，将其中间即转轴部分安装一圆柱形磁铁，N极向下，再准备直径较大的（保证陀螺可在线圈中旋转）电磁线圈若干，线圈两端加上直流电源。准备好这些材料后，将陀螺在线圈中间旋转，同时给线圈通电，通电电流的方向应保证线圈产生的磁场N极向上。当不断增大电流时，有趣的现象发生了，陀螺腾空而起；保持电流不变，陀螺会在空中上下浮动几次后在空中悬停。这个现象不难解释，磁极同性相斥，电磁线圈产生的磁力对陀螺产生向上的推力，当推力大于陀螺的重力时，陀螺就会离开地面向上飞起，飞起的同时磁力却不断地减弱。陀螺上升到一定的高度时，磁力和重力达到平衡，而且旋转的陀螺在动力作用下具备自主稳定的性质，于是就产生了有趣的空中悬停现象。如果进一步加大电流，陀螺会进一步攀升，最终在空气的阻力下逐渐停止转动，这时就会由于磁极方向失稳而跌落。

航空领域的研究主要集中于地球表面到大气层范围以内，若把人类的活动范围发展到太空则是航天研究的任务。目前，所有航天器均需要大量的固体推进剂，利用动量守恒原理，向后高速喷射推进剂产生前进的动力，而大量的推进剂自身所需的油耗又成为负载，形成一对突出而很难克服的矛盾，即便是对地球最近的太空"邻居"月球的拜访也是一项十分艰巨的任务。

磁力陀螺仪的研发是航天领域发展的关键所在，正如远古时代人类探索浩瀚海洋时凭借的一张风帆，宇宙磁场就像大海，磁力陀螺仪则是帆。如果真的存在外星高智能生物乘坐飞碟来访地球的话，它们的飞碟设计也必然依托于磁力陀螺仪的研究。

从科幻动画电影《天空之城》，引申到磁力陀螺仪动力碟形飞行器的研究，我们探讨的范围确实有些牵强。本文希望能抛砖引玉，拉开人类研究新一代航天飞行器的序幕，愿我们早圆驰骋宇宙，达到星际旅行的梦想！

第07章

《钢铁侠》: 一个人的飞行

【影片信息】

电影名称：钢铁侠；

英文原名：*Iron Man*；

出品年份：2008年；

语言：英语；

片长：126分钟；

导演：乔恩·费儒；

主演：小罗伯特·唐尼、格温妮斯·帕特洛、泰伦斯·霍华德。

托尼·史塔克是传奇武器开发者霍华德·史塔克的儿子，他自小聪明过人，17岁时就以优异成绩毕业于麻省理工学院。后来，托尼的父母死于车祸。他的合伙人奥比·斯坦接替为公司负责人，并且以托尼的保护人自居。在托尼21岁的时候，他进入史塔克工业公司，子承父业，成为公司负责人。不过，媒体真正关注的是托尼·史塔克私生活方面。

某天，托尼·史塔克与军方的联络员罗德上校一起乘坐私人飞机来到了位于中东某国的空军基地。此行的目的，是为了向当地军方展示史塔克工业公司新研制的超级导弹。在靶场内，武器展示非常成功，导弹威力巨大，爆炸效果令人震撼。展示结束后，托尼在军方悍马车队的保护下，准备返回机场。但半路上却遭到了一伙当地恐怖分子的袭击，悍马车队被全歼，托尼也成了恐怖分子的俘虏，受了重伤。

当托尼再次醒来的时候，一个像是来自北欧地区的中年大叔出现在他面前。这个人告诉他，自己刚刚为托尼做了手术，取出了他身上的弹片。不过，还有一些弹片留在他的体内，为了防止这些弹片随着血液流入他的心脏，他在托尼的胸口上安装了一个电磁装置，并把汽车的蓄电池作为电源。就在此时，恐怖分子的头领闯进来打断了二人的对话。头领一改之前的凶恶表情，带领托尼参观了他们的营地。让托尼感到吃惊的是，营地里竟然堆满了史塔克工业公司生产的武器。最后，头领向史塔克摊牌，需要他为自己研制一种威力不亚于超级导弹的武器。

　　一开始，托尼并不想顺从恐怖分子的意愿。但在中年大叔的劝说下，托尼决定利用恐怖分子提供的材料，制造出能帮自己脱身的工具。托尼因陋就简，经过一番努力，竟然真的在恐怖分子藏身的洞穴中，制造出一套钢铁战甲。凭借这套单人战甲，托尼一路杀出重围，逃离恐怖分子的营地，最终获救。但不幸的是，在战斗过程中，为了掩护托尼，中年大叔不幸牺牲。

　　回到美国后，托尼第一时间召开记者会，宣布史塔克工业公司从此退出军火研发和交易市场。这让公司的合伙人奥比·斯坦震惊不已，随即他试图说服托尼改变这个决定。但托尼不为所动，而奥比·斯坦以托尼的身体尚未复原为由，让他回去好好休息，并保证自己会处理好一切。

　　回到自己家里，托尼准备重新制造一套战甲。经过反复实践，他终于成功了，新战甲看起来轻薄，但防御能力提高了几个数量级，还具备超音速飞行的能力。同时，托尼还将自己的人工智能管家贾维斯导入战甲内部。在一切准备就绪后，托尼开始了自己的第一次飞行试验，结果被执勤中的F-22战斗机当作不明飞行物。

此后，托尼偶然得知，史塔克工业公司仍然在生产军火，而且军火还被恐怖分子用来屠杀平民。原来这一切，都是奥比·斯坦在背后捣鬼。他不仅向恐怖分子出售武器，还利用权术把托尼"踢出"公司董事会。为了阻止恐怖分子的恶行，托尼身着战甲，飞到被恐怖分子占领的小镇，消灭了恐怖分子，并摧毁所有史塔克工业公司生产的武器。

托尼的行为彻底激怒了奥比·斯坦。他从恐怖分子处获得了托尼最初制造的那件战甲的残骸，并以此为基础制造出更加强大的战甲。最终，托尼不得不与奥比·斯坦在史塔克工业公司的总部展开激战。由于奥比·斯坦的战甲火力更加凶猛，一时间，托尼落入下风。在关键时刻，托尼的私人助理"小辣椒"挺身而出，启动了位于大楼内的"方舟反应堆"。反应堆释放出的巨大能量吞噬了奥比·斯坦和他的战甲。

在第二天的记者招待会上，托尼·史塔克在纠结了一段时间后，终于大方地承认，自己就是"钢铁侠"，一段传奇就此揭幕！

"钢铁侠"托尼·史塔克是近十年中，最受欢迎的科幻电影角色之一。而他最大的魅力无疑是那套让所有人艳羡不已的单人机械动力装甲（简称机甲）套装。依靠这件单人机甲，托尼·史塔克不仅拥有不输其他任何超级英雄的战斗力，而且还能够在天空中自由翱翔——从初登场时，能够与美军的F-22战斗机的速度相媲美，到最新一部中可以直接开启火箭发动机，追击外星飞船。钢铁侠的飞行能力不断刷出新的高度。很多忠实粉丝虽身不能至，但心向往之。

其实，单人飞行器并不是可望而不可即的装备。在人类开始动力飞行的早期阶段，包括莱特兄弟的"飞行者一号"在内的很多飞机，都是只能搭载一名飞行员的单人飞行器。当然，随着飞机制造水平的不断提高，这种情况发生了根本性的转变——飞机越造越大，飞行速度越来越快，航程越来越远，能够搭载的人员和物资也越来越多。

直到第二次世界大战结束后，美军通过对战争经验的总结，逐渐意识到单兵在复杂战场环境中进行低空快速机动应战的价值。于是，便开始了单兵快速飞行载具的研究。

20世纪五六十年代，美国军方研制出一批实验性的单兵快速飞行载具。其中较早的一款产品是DH-4型"飞行摩托"。这种载具最显著的特征就是从主体上伸出四根悬臂杆。悬臂杆顶端的下部是缓冲气囊，提供着陆时的支撑力并起到减振和缓冲的作用，上部安装有旋翼（螺旋桨），为载具提供升力和动力。士兵则站在载具主体的操作台上，用外观酷似摩托车车把的装置进行操控。这种飞行载具在气动布局设计方面，与我们现在常见的四轴旋翼无人机非常类似，有较好的稳定性和操控性。但受制于当时的技术条件，事实上士兵是站在4个高速旋转的旋翼上进行飞行操控的，安全性根本无法得到保证。后来，研究人员用一个大旋翼代替了4个小旋翼，着陆装置也换成了滑橇式起落架，但这并没有从根本上解决问题。后来，美国军方又研制出VZ-1型"飞行摩托"。这种载具抛弃了原有的旋翼设计，改用大功率涵道推进器[1]作为动力部件。这样也就消除了高速旋转的外露部件存在的安全性风险。

在研发"飞行摩托"的同时，美军也在另一种单人飞行载具上下足了功夫——这就是"飞行背包"。

----

[1] 涵道推进器，把尾桨置于机身尾斜梁的环形通道内，构成涵道尾桨系统，以提高气动效率及使用安全性。

20世纪60年代，美国军方希望获得一种能让士兵飞跃河流、雷区等障碍物的小型火箭型短距飞行装置。于是，他们便找到了著名的航空器设计生产商——贝尔航空系统公司。贝尔航空系统公司研制出一种可供单兵使用的背负式小型火箭型飞行装置。由于外观酷似双肩背包，于是，这种装置便有了"火箭背包""飞行背包"之类的别称。这种装置的主体是采用浓度超过90%的过氧化氢作为燃料的火箭发动机，能产生127千牛[①]推力。

1961年4月，试飞员哈罗德·格拉哈姆作为这种"飞行背包"的首个使用者进行了试飞，这也让他成为人类历史上第一个像"钢铁侠"一样飞行的人。但这次飞行时间只持续了13秒，飞行速度仅约为3米/秒，飞行距离约35米。后来，尽管贝尔航空系统公司投入了大量资源进行改进，但受制于当时整体的技术水平，"飞行背包"的留空时间和飞行距离都没有得到明显地提升，距离军方的期望相差甚远。最终，美国军方取消了相关的研制合同。但是，贝尔公司并没有灰心，试图把这一技术推广到民用领域。于是，我们便在众多的美国影片和1984年洛杉矶奥运会开幕式演出上，都看到了"飞行背包"的身影。虽然其展示表演的成分很大，但却也说明了"飞行背包"的巨大发展潜力。

进入21世纪后，随着电子科技、动力系统和材料技术的进步，各种单人飞行器具不断涌现，人人如"钢铁侠"一样飞行的

---

① 千牛是力的单位，属于工程设计、力学计算中的常用单位。而千克是质量单位，千牛不能与质量直接换算。

日子可能就要来临了。

新西兰人格伦·马丁用了20年时间，终于研制出了实用性"飞行背包"，并于2008年在美国的一次航展上亮相。"马丁飞行背包"采用双导管风扇提升升力的设计，使用摩托发动机通过汽车风扇皮带驱动两个风扇在酒桶形装置内水平旋转。发动机、燃料箱和飞行员处于升力风扇中间及下方位置，以降低重力中心，避免在飞行中体态颠倒。由于大量使用高强度复合材料，在机体强度不变的情况下，大大降低了机体重量。"马丁飞行背包"能承载120千克质量，飞行时间约30分钟，最大速度达74千米/小时，最高飞行高度可达1 000米。该背包可进行垂直起降，适合在其他飞行器无法到达的狭小空间内使用，使用电传操纵技术和弹射式降落伞系统，极大地提高了"飞行背包"的安全性。

相比之下，墨西哥航天科技公司的"火箭背带"则采用了更为传统的小型火箭发动机作为动力系统。这种"飞行背包"可使用3个不同的火箭发动机和几种框架尺寸供选择以适应不同飞行员的体重，针对不同的平衡性、稳定性、操控性等飞行要求，可选择长、中、短等3种不同大小的燃料箱，同时还有5种控制阀和流速，5种不同的喷管配置，以及为飞行员定制的碳纤维紧身衣。该公司还为"飞行背包"配套研发了抬头显示[①]型电子控制计时

---

① 抬头显示又叫作平行显示系统，可把时速、导航等重要的信息，投影到驾驶员前面的风挡玻璃上，让驾驶员不必低头，转头就能看到时速、导航等重要驾驶信息。

器，还提供5次在定制"飞行背包"上的飞行训练，以及全天24小时全球技术保障。

而让中国人感到骄傲的是，在单人飞行载具的研发领域，中国企业也已经占有一席之地。我国的科技公司不久前推出一款空陆两用的微型个人飞行器HOVERSTAR H1。其外观酷似一辆加装了大型底盘的三轮摩托车。事实上，这一飞行器内部安装了可以使其垂直起降的涡轮和推进引擎，整体外形也采取升力体①设计，同时装备了先进电子飞行控制系统，使驾驶员能够轻松地在陆行模式和飞行模式间自由切换。未来，"前面堵车，就飞过去"可能不再是一句玩笑话。

每个人都拥有一台单人飞行载具，未来将不是科幻，而且可能很快变为现实。相比于载具本身的研制和生产，我们更应该关注的是，与之相适应的社会管理体系的建立。毕竟，在地上堵车最多也就是浪费些时间，而要是在天上出现交通事故，后果不堪设想。

---

① 相对于传统飞行器，升力体是一种完全不同的概念。它没有常规飞行器的主要升力部件——机翼，而是用三维设计的翼身融合体来产生升力。

第08章

《绝密飞行》: 隐身无人机统治天空

【影片信息】

电影名称：绝密飞行；

英文原名：*Stealth*；

出品年份：2005年；

语言：英语；

片长：121分；

导演：罗伯·科恩；

主演：乔什·卢卡斯、杰西

卡·贝尔。

在电影《绝密飞行》中，为了研发名为"鹰爪"的新一代多功能超音速隐身舰载战斗机，美国海军航空兵从全美1 500多名候选人中挑选出3名顶尖飞行员执行试飞任务。他们是英俊的中队长本·甘农、前途无量的美女飞行员卡拉·韦德和性格开朗的黑人飞行员亨利·珀塞尔。三人依靠高超的飞行技术，出色地完成了各种试飞任务。

不久后，一架装备了量子处理器的全自动多用途无人驾驶战斗机加入到他们的试飞计划中。这是一架装备了具有自我学习能力的人工智能计算机控制系统，并具备最新型隐形设计的超级战斗机，被叫作"艾迪"。然而，身为中队长的本·甘农却对艾迪有一种莫名的排斥感，认为它是一个潜在的威胁。

事实证明，本·甘农的担心不无道理，在一次执行秘密突袭任务时，艾迪在毫无征兆的情况下，突然失控，用重磅炸弹摧毁了位于山谷城堡内的核弹，引发了放射性尘埃风暴。返航途中，甘农怒斥艾迪不服从命令的行为，艾迪却完全不以为然，擅自脱离编队，想要继续实施攻击行动，并切断了与中央控制计算机的数据链。此后，艾迪侵入了美国国防部的内部网络，盗取了一个意图攻击位于西伯利亚的俄罗斯核武器试验场的空袭计划。这意味着，如果不能阻止艾迪，就可能引发美俄两国的核战争。

关键时刻，本·甘农驾驶"鹰爪"战斗机去追击艾迪，却遭到了对方航空兵的伏击。两架战斗机不得不返航，并在阿拉斯加的一个秘密机场着陆。但让人始料不及的是，本·甘农的上司乔治·肯明斯上校为了掩盖自己的过失，竟想要"杀"了艾迪，并要把艾迪的电脑重置。甘农识破上校的诡计，解救了即将被删除记忆的艾迪。于是，一个王牌飞行员、一架高科技人工智能战斗机，"双剑合璧"，最终挫败了上校的阴谋，成功救出了深陷敌营的伙伴。

作为一部制作精良的军事科幻电影，《绝密飞行》向我们展示了未来军用飞机的两个重要技术发展方向——隐形与无人驾驶。

隐形技术是"低可探测技术（Low Observable Technology）"的通俗说法。这种技术的目的，是通过研究利用各种不同的技术手段来改变己方目标的可探测性信息特征，最大限度地降低对方探测系统发现的概率，使己方目标不被敌方的探测系统发现和探测到。

　　第二次世界大战之后，随着雷达、声呐、红外线探测器等军事侦察手段的不断发展和完善，军事打击行动的秘密性和突然性遭到了极大的抑制，尤其是防空雷达与地空导弹这对"金牌组合"的出现，令空中侦察和对敌袭击变得难上加难。那么要如何解决这个问题呢？一种办法是击毁雷达，让防空导弹无施展空间。于是，人们发明了专门对付雷达的反辐射导弹。但问题是，携带反辐射导弹的飞机可能被敌方的防空雷达发现，并先遭到攻击。所以，首要解决的问题是要让飞机变得难以被发现，这便是隐形技术的精髓所在。而要躲避敌方的雷达侦测，先要了解雷达的工作原理。雷达在工作时会发出电磁波，当电磁波碰触到飞机的时候，飞机表面就会反射电磁波。这些反射回来的电磁波又被雷达接收，从而侦测到敌机来袭。因此，只要想方设法尽可能地减弱飞机自身的特征信号，降低对外来电磁波的反射程度，就能有效地把自己隐蔽起来。隐形飞机便是以此为理论依据，采用独特的外形设计和特殊材料，以降低飞机对雷达电磁波的反射。

最早投入实战的军用隐形飞机是美国的F-117"夜鹰"战斗机和B-2战略轰炸机。对于这些隐形飞机，人们的第一印象往往是，这样的飞机怎么可能飞起来？事实上，为了最大限度地实现隐身，隐形飞机在外部形态上有独特的设计，而要让这样的飞机飞上天，单靠飞机本身的空气动力学结构是不可能的，需要非常完善的计算机辅助飞行系统，帮助飞机在飞行过程中不断调节飞行姿态，并保证飞行安全。由此可见，隐形飞机可以说是当今乃至今后相当长一段时间内，航空军事领域的研发重点。

相对于隐形技术而言，飞机的无人驾驶技术（无人机）也早已被研发和应用了。如今，孩子们经常玩的遥控模型飞机使用的就是无人驾驶技术。当然，军用无人机的技术含量比模型飞机高得多，但基本原理却相差无几。

早在1914年，英国军方就开始秘密研究飞机无人驾驶技术了。在此后的20年中，世界主要空中强国都开始关注飞机无人驾驶技术的发展。载弹无人机、空中靶机、可投放鱼雷的无人机、无人驾驶攻击机等相继实验成功，也拉开了无人机应用技术的帷幕。第二次世界大战时，参战各国都或多或少的使用无人机承担作战支援任务，如目标侦察、战场毁伤评估等，但最主要的是被用作靶机。之后，随着美苏冷战时期军备竞赛不断升级，受航天、航空业迅速发展的影响，各国大力研发无人驾驶技术，无人机的功能和种类趋于多样化，实战应用逐渐步入鼎盛时期。

　　美苏冷战结束后，无人机在军事领域被日益广泛的应用，同时也开始逐步向民用领域渗透。

　　目前，世界各国空军使用的无人机大都采用远程遥控的驾驶方法。但是，《绝密飞行》中的智能无人机艾迪，则为我们展示了另一种崭新的驾驶方式——人工智能驾驶。其实，与这种驾驶方式原理相近的自动驾驶仪早已广泛应用于民用航空领域。因为民航飞机的飞行航线是固定的，所以飞机完全可以在计算机的控制下按预定航线自动飞行，大多数情况下，驾驶员只在起飞和着陆过程中手动操作。但是，军用飞机所面对的操作问题要复杂得多，尤其是在近战格斗过程中，需要飞行员高超的技巧和灵活的反应能力才能在激烈的战斗中获胜，这是现有计算机系统所无法取代的。但是，有人驾驶战斗机也存在很大的局限，因为要考虑到驾驶员的生命维持问题，所以现代战斗机放弃了很多极限设计，在一定程度上抑制了战斗机性能的全面提升。况且，有人驾驶飞机参战，就难免会出现伤亡的情况，而派无人机执行军事任务就没有这方面的担心。因而，很多军事专家认为，随着科技的进步，自主飞行的智能无人驾驶战斗机终究会代替有人驾驶的飞机，成为未来空战的主角。

第09章

《超时空要塞：可曾记得爱》:
变形战斗机的秘密

【影片信息】

电影名称：超时空要塞：可曾记得爱；

日文原名：超時空要塞マクロス愛・おぼえていますか；

出品年份：1984年；

语言：日语；

片长：114 分钟；

导演：石黑升、河森正治；

配音主演：长谷有洋、饭岛真理。

2009年，在土星阴影里，巨大的超时空要塞"麦克罗斯号"正在缓缓地向地球行驶。几个月以来的战斗已经让这艘战舰变得千疮百孔。即使如此，要塞里的人们依然没有放弃希望，他们相信最后的胜利必将属于人类。

此时，在要塞的内部，麦克罗斯城的市民正聚集在体育场中，欣赏著名歌星林明美小姐的个人演唱会。可是，突如其来的战斗警报让这场精彩的演出不得不临时中断。就在市民纷纷向避难所转移的时候，数架外星人的战斗机突破联合军的防线，抵达市区。而飞行员一条辉的战斗机也紧跟着敌人，追击到这里。在市区的街道上，外星人战士惊奇地发现，地球上的男人和女人居然生活在一起，为此它们决定捕捉样本带回自己星球研究。于是，在撤离过程中意外落单的林明美成为外星人捕捉的目标。紧跟在外星人之后的一条辉，看到敌人意图行凶，便马上用炮火追击，随后，他救下了林明美。但由于战机速度过快，一条辉在救人过程中带着被救者进入战舰外层舱，应急闸门猛地落下，两人便被困在了舱里。直到这时，一条辉才发觉自己搭救的人居然就是大名鼎鼎的歌星林明美小姐。

不久后，两人坠入爱河，为鼓励对歌唱事业感到迷茫的林明美，一条辉带着林明美乘坐教练机飞上太空，结果，他们遭到了外星人舰队的伏击。一条辉和林明美，以及驾驶战斗机前来救援的福克上尉，还有乘坐运输机前来寻人的女军官早濑未沙和林明美的哥哥林凯在内的5个人，都成了外星人的俘虏。

在与外星人的接触中，一条辉等人得知，原来外星人其实分为杰特拉帝人（纯男性组成的部族）和赫尔特兰帝人（纯女性组成的部族）两大种族，两个种族都靠无性繁殖繁衍后代。它们之间的战争已经持续了数十万年。

在审问结束后，福克上尉伺机摆脱看守者，夺回战斗机，掩护一条辉和早濑未沙从外星人飞船中逃出，并为此牺牲了自己。从外星飞船中脱逃的两人，回到已惨遭蹂躏的地球。在接下来的一个月中，他们试图找到幸存者，然而所有的努力都被证明是徒劳的。直到有一天，他们无意中发现了一座从海底升起的城市。那其实是地球人与外星人的共同祖先普洛多人曾经乘坐的太空移民船，后来被普洛多人遗弃，沉入海底，因为错把外星人舰队当作是回归的普洛多人，才从海底升起。在这座被遗弃的城市里，早濑未沙捡到了一片记忆金属，上面刻满了密密麻麻的普洛多文字。

在一条辉和早濑未沙回到地球一个月后，"麦克罗斯号"出现在他们面前，两个人欣喜若狂。归队后的一条辉和早濑未沙向舰长报告了他们所了解的全部情况。而在一条辉的内心深处，依然惦念着生死不明的林明美。尾随"麦克罗斯号"前来的外星前哨舰队却给人们带来了好消息，它们主动提出与人类签订和平协定，并且释放了被扣押的林明美。交换条件是请要塞里的音乐家给一首乐曲作词，这是一首古老的乐曲，也是杰特拉帝人珍藏的秘密武器。而那乐曲的歌词，正是一条辉和早濑未沙在遗迹中发现的普洛多文字。

最终战役依然来临了，在林明美的歌声中，"麦克罗斯号"向外星舰队中的主力舰队发起攻击。而受到歌声的召唤，沉睡在杰特拉帝人和赫尔特兰帝人内心深处的"爱"觉醒了。为了保全失去已久的文化，它们和要塞中的人类站在了一起，向在幕后操纵一切，想要毁灭地球和普洛多文明的杰特拉帝人发起进攻，并取得了最后的胜利。

《超时空要塞》系列无疑是20世纪杰出的太空科幻影视作品之一。影片中最为人所称道的就是变形战斗机这项超级"黑科技"。

在电影中，外星飞船坠落地球，令人类获知了外星人的存在，并从其飞船中获得了先进的外星科技。为了应对随时可能到来的星际战争，地球联合政府决定根据已经掌握的外星人资料，设计开发有针对性的武器装备。这就是后来大名鼎鼎的VF-1"瓦尔基里"变形战斗机。

之所以称其为变形战斗机，是因为这种战斗机拥有三种形态。第一种形态是战斗机，创作者参考了当时美国海军航空兵的F-14"雄猫"战斗机的形态设计出了VF-1变形战斗机。与真实的F-14战斗机相比，影片中的变形战斗机体积更大，还装备了源自外星飞船的核动力发动机，既能在大气层内飞行，也可以在外太空飞行。无论是在影片上映的20世纪80年代，还是将近40年后的今天，这依然还是纯粹的科学幻想。

在大气层内飞行的飞机和在外太空飞行的宇宙飞船，依据的是完全不同的原理。飞机在大气层内飞行（航空），主要是依靠发动机提供动力，飞机的机翼提供升力。现代飞机主要采用喷气

式发动机，其基本工作原理是从进气口吸入空气，然后在燃烧室内让空气中的氧气成分与燃料混合燃烧，产生的高温气体从发动机的尾部喷出，从而给飞机提供前进的动力。而由于太空中没有氧气，喷气发动机无法工作，所以现在人类的航天飞行器普遍采用的是火箭发动机，与喷气发动机相比，火箭发动机最大的特点就是要同时带上燃料和氧化剂，依靠两者的混合燃烧，制造出高温气体推动火箭飞行。当然，由于太空中没有空气，自然也没有空气阻力。于是，在大气层内飞行所必需的机翼，在太空中也变成了多余的载荷。到目前为止，人类曾经设计制造出的能够穿梭于大气层内外的飞行器就只有航天飞机。但是，航天飞机发射时，主要依靠的是火箭发动机，而重返大气层后主要依靠机翼滑翔做无动力飞行。

变形战斗机的第二种形态是战斗机器人，也称为"陆战"形态，其变形方式为三段式。简单地说，就是机身后部90°折叠后，变成机器人的双腿，整个机身呈现"倒C"形；机头向前折叠到机器人胸部，驾驶舱后面伸出装甲板，覆盖整个驾驶舱，舱内操纵模式也由战斗机模式转为机甲模式；中间的躯干立起，主机翼内收，伸出双臂，完成姿态转换。在电影中，之所以要让战斗机变形成机甲机器人在陆地上作战，是因为它们要对抗的外星人战士是身高约十米的人形生物。只有使用战斗机器人才能抵消两者之间在身形和体力上的巨大差别。不过，在影片中，我们常常能看到变形战斗机在飞行状态下，直接变形成战斗机器人，投入战斗。这显然是艺术描写，在现实世界中，这种情况是难以实现的。因为现代喷气式飞机，最低的飞行速度也有每小时二三百公里，否则就有失速坠毁的风险。如果在如此高的速度下，转变机体的形态，由于惯性作用的影响，整个机体的结构应力会在短时间内发生巨大改变，机体结构能否承受得了则是一个大问题。当然，对于影片中的人们来说，这并不是问题，因为这架变形战斗机运用的是外星人的"黑科技"。

对于熟悉《超时空要塞》这部影片的观众来说，大多会知道除了战斗机和战斗机器人以外，VF-1变形战斗机还有一种"过渡形态"，称为"步行者"。根据电影的设定，这是一次在变形战斗机研制过程中的意外收获。当时，只有机身后部成功变形为机器人形态，而前部仍然保持飞机形态。但是，研制人员却发现，这种不完全的变形形态，更有利于飞行员，尤其是新手飞行员掌握机体在陆战中的行动技巧，而且丰富了变形战斗机的战术运用。于是，步行者作为一种标准变形形态被保留了下来，也被后来"超时空要塞"系列故事中各种新型号变形战斗机所继承。但在影片中，处于步行者状态的变形战斗机既能在陆地上作战，也能在中低空进行机动作战，甚至还能在近乎零速度的状态下变形为战斗机模式。这当然也都是纯粹的艺术夸张，除非变形战斗机内装备了反引力装置，否则是根本不可能实现的。而反引力问题已经超出了人类现有物理学知识的边界，影片中只能求助于外星人的"黑科技"了。

　　从某种意义上说，《超时空要塞》中的变形战斗机是人们在科幻世界中构想出来的一种强大的由人操控的兵器，令整整一代科幻影迷对它魂牵梦绕。

　　不过，时至今日，人类仍旧没有大规模地制造和装备可变形武器。这并不是因为人类还没有掌握到这项"黑科技"，恰恰相反，对于机构设计、材料科学、机械加工、电传操纵等可变形武器制造所需要的核心技术，人类都已经掌握。所以，现在人类利用超级计算机和人工智能辅助设计这两大"利器"，制造出可变形武器并不是不可能的事。所以，问题的本质是"非不能也，实不为也"。也就是说，到现在为止，没有生产和使用这种兵器的必要。以变形战斗机为例，要生产这种武器，就必须增加大量的机械结构，配置高性能的机载电子设备和指挥控制系统，生产制造难度加大，导致制造成本成倍上升。其结果可能还不如分别生产战斗机和战斗机器人来得划算。而战争中的武器装备属于大量消耗品，只有较为便利、高速、大量的生产，才能有效弥补战争中的损耗。由此可见，变形战斗机虽然强悍，但未必实用，也许它永远只能停留在人们的科学幻想之中。

第10章
《地心引力》：探秘空间站

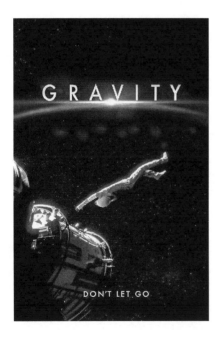

【影片信息】

电影名称：地心引力；

英文原名：*Gravity*；

出品年份：2013年；

语言：英语；

片长：91分钟；

导演：阿方索·卡隆；

主演：桑德拉·布洛克、乔治·克鲁尼、艾德·哈里斯。

《地心引力》讲述的是，为了修复在太空中出现故障的哈勃空间望远镜，美国国家航空航天局（简称NASA）发射了"探索者号"航天飞机。经验丰富的老航天员马特和女性专家莱恩都是此次飞行的任务组成员。

起初一切顺利，航天飞机成功地捕获了哈勃空间望远镜，马特、莱恩、夏利3名宇航员出舱，前去执行修复任务。此时，休斯敦太空中心发来消息说，俄罗斯刚刚进行了一次反卫星武器实验，造成了大量太空碎片正在飞向"探索者号"方向，但暂时还不会影响到他们。这让所有人都放松了警惕。

就在维修工作即将完成的时候，休斯敦太空中心又发来紧急通报，太空碎片引发了连锁效应，一团巨大的太空碎片风暴正在向他们袭来。马特等人还未反应过来，航天飞机和哈勃空间望远镜就被太空碎片风暴击中。夏利当场身亡，莱恩则被甩到了宇宙空间中，险些成为太空中不受控制的自由漂浮物。关键时刻，马特利用自己丰富的宇航经验，救回莱恩。

当他们带着夏利的遗体返回航天飞机后，却发现其他成员都已经遇难。马特不得不带着莱恩，飘向不远处的国际空间站。然而，由于他们接近国际空间站时速度太快，两个人的连接绳意外挂到国际空间站的太阳能电池板上。危急时刻，马特毅然摘掉了自己宇航服上的挂钩，把生的希望留给莱恩。在飘向茫茫太空的最后时刻，马特仍然利用无线电指导莱恩，让莱恩终于顺利进入了国际空间站。

但当莱恩进入国际空间站后，她很快发现，作为逃生舱的一艘"联盟号"宇宙飞船已经发射出去，剩下的另一艘"联盟号"宇宙飞船出现了严重的故障，减速伞都被抛到了舱外，根本无法用它飞回地球。现在，莱恩唯一的希望就是设法利用"联盟号"飞船，飞往中国建造的天宫空间站，利用那里的神舟飞船返回地球。这时，太空碎片风暴再次袭来，国际空间站被彻底摧毁。莱恩拼尽全力，躲进残存的"联盟号"宇宙飞船，才躲过一劫。

然而，莱恩很快发现，这艘飞船的燃料早已经泄漏了。没有燃料，飞船不但无法航行，而且飞船内的生命保障系统也无法坚持多长时间。莱恩彻底绝望了，但意想不到的是，马特却在此时突然打开舱门进来。他安慰莱恩，并鼓励她活下去。当莱恩回过神的时候，才发现这里根本没有马特，刚才的一切不过是她的幻觉。可此时的莱恩重拾对生的渴望，她穿上宇航服出舱，割断已损坏的减速伞，然后启动飞船的登陆舱，利用登陆舱内仅存的一点燃料，飞向天宫空间站。

　　莱恩奇迹般地登上天宫空间站，只是，此时的天宫空间站正急速坠向大气层。莱恩不敢迟疑地进入神舟飞船内，凭借自己的直觉和猜测，在满是中文的操作按钮前，反复尝试，终于在千钧一发之际，成功地让神舟飞船与天宫空间站分离。随后，神舟飞船返回舱带着莱恩回到地球，并掉落到一个湖中。经历了九死一生的莱恩，从返回舱中逃离，几乎已经耗尽了所有力气的她，最终登上湖岸，感受着地球阳光和空气带来的幸福感。

　　在科幻电影《地心引力》中，国际空间站只是作为故事背景存在，但现实中，空间站既是当今人类科技与工程的最高杰作之一，也是人类伸向宇宙空间的一只"触角"。

　　早在19世纪中叶，就有人提出了建设空间站的最初构想。当时，有人撰写了一则关于"用砖搭建的月球"的文章发表在《大西洋月刊》上。以今天的眼光来看，事实上作者是构想了一种有人居住的人造地球卫星。不过，以当时人类的科技水平来看，这种构想也只能停留在幻想阶段。此后，"现代航天学和火箭理论的奠基人"康斯坦丁·齐奥尔科夫斯基和"欧洲火箭之父"赫尔曼·奥伯特也都曾在各自的文章或演讲中谈到建造空间站的可行性。到了第二次世界大战期间，纳粹德国曾经设想在太空中建立军事基地，并使用"太阳炮"对反法西斯同盟国家进行战略轰炸。只是随着纳粹的覆灭，这个疯狂的计划随之破灭。

1961年4月12日，苏联宇航员加加林乘坐"东方1号"宇宙飞船进入太空，正式宣告人类太空时代的到来。在当时"冷战"的国际背景下，苏联与美国展开了全面的太空竞赛。在苏联成功实现第一颗进入太空的人造卫星和第一艘载人宇宙飞船升空后，美国则正推动"阿波罗登月计划"，并最终在1969年7月20日将宇航员成功送达月球表面。而苏联方面，由于始终无法研制出性能可靠的大推力运载火箭，在美国载人登月计划成功后，苏联只能发射无人登月探测器，并通过返回舱带回大量的月球岩石。

之后，苏联开始把太空竞赛的重点转向可长时间运行，并且宇航员能够在其中展开工作和生活的宇宙空间站。1971年4月19日，苏联人发射了"礼炮1号"空间站，开启了人类建设宇宙空间站的新纪元。此后，苏联人又先后发射了"礼炮2号"至"礼炮7号"等6座空间站。以今天的标准来看，把"礼炮系列"称为

"单模块空间站"或"空间实验室"更为合适。其中，"礼炮1号"至"礼炮5号"只有一个对接口，只能跟"联盟号"宇宙飞船对接，而且由于站上携带的食品、氧气、燃料等储备物资有限，使用寿命也非常有限。到"礼炮6号"和"礼炮7号"发射时，空间站的对接口增加到两个，一个与"联盟号"宇宙飞船对接，另一个可以与"进步号"货运飞船对接，从而大大延长了空间站的使用期限和宇航员在空间站的驻留时间。"礼炮7号"在轨运行期间，苏联宇航员基齐姆、索洛维约夫和阿季科夫在空间站创造了237天的太空飞行纪录。

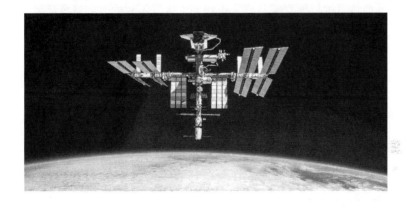

赢得了"登月战役"后，美国人也把目光转向了空间站的建设。不过，由于此时美国深陷征战泥潭，能够投入到太空计划中的经费被一再缩减，直到1973年5月14日，美国才将自己的第一个空间站"天空实验室"送入太空。由于其掌握为"阿波罗登月计划"专门设计的"土星五号"运载火箭，美国人的"天空实验室"的自重达到82吨，相比之下，自重不足19吨的苏联"礼炮1号"空间站就显得像一件玩具一样。不过，在发射过程中，"天空实验室"的太阳能主电池板和部分防护层被损坏，直到后来，首批乘坐"阿波罗系列"飞船到访"天空实验室"的宇航员才将其修复。此后，从1973年到1974年期间，共有9位宇航员在"天空实验室"上累计工作171天。之后，美国航空航天局虽然暂停了"天空实验室"的使用，但仍将其保留在太空运行轨道上，希望在20世纪80年代航天飞机研发完成后，用航天飞机搭载宇航员继续使用它。但事与愿违，由于对太阳黑子活动预测失误，处于近地轨道的"天空实验室"遭遇到了极其不利的空间气象环境，用当时科学家的话来说，就是"'天空实验室'在太空中的姿态就好像逆风中骑车的人挺起了腰杆，受到的大气阻力比之前预计的更大。"最终，由于"天空实验室"的轨道衰减超过预期，"空间实验室"于1979年7月坠毁在澳大利亚帕斯附近。这也可以看作是第一次由于人为失误导致空间站坠落的事故。此后，美国人将航天计划的重点转向对航天飞机的研究，而苏联人则继续专注于空间站技术的更新换代。

1986年2月20日，苏联人发射了"和平号"空间站的核心舱，从而开始了人类第一座"多模块空间站"的建造。多模块空间站，就是由多个航天器组合而成的大型多功能空间站。事实上，多模块空间站建造的最大难点就在于，模块舱段如何与核心舱对接，尤其是如何与核心段侧向的对接口对接。要知道，由于航天器在太空中的飞行速度极快, 惯性质量[①]极大, 如果从模块舱段直接与核心舱侧面的对接口对接, 稍有不慎就可能造成核心舱被撞毁的结果。"和平号"空间站由核心舱和有多个对接口的模块式舱段构成, 核心舱质量为21吨, 由工作舱、过渡舱和非密封服务舱三部分组成, 外部对接口有6个, 其中4个对接口在侧向位置。为了避免不必要的危险, 在"和平号"空间站的构建过程中, 采用了先将航天器对接到轴向, 后转移到侧向对接口, 实现侧向再对接的方案。也就是, 让所有模块舱段先对接到空间站两端的轴向对接口, 然后再通过机械装置将模块舱段转移到侧面的对接口, 再进行对接的方法。由于轴向对接后, 核心舱与模块舱的相对速度为零, 最大限度地减轻偏心撞击可能导致的不利影响。最终, 建成后的"和平号"空间站共有7个舱段, 全长87米, 质量达175吨, 有效容积470立方米。

从1986年2月发射升空到2001年3月结束使命, 坠入大气层自毁, 原本设计寿命只有5年的"和平号"空间站最终在轨运行达15年之久。其间, 共有31艘"联盟号"载人飞船、62艘"进步号"货运飞船与之对接。而在冷战结束后, 美国航天飞机也先后有9次与"和平号"空间站实现对接。据统计, "和平号"空间站在轨期间, 共绕地球飞行8万多圈、行程35亿公里、进行了2.2万次科学实验、完成了23项国际科学考察计划, 先后有28个长期考察组和16个短期考察组在那里从事考察活动, 共有12个国家的135

① 惯性质量是量度物体惯性的物理量。

名宇航员在空间站上工作，在医学、材料科学、天文观测、对地观测等研究领域，都取得了重要的科学成果。

当"和平号"结束使命后，国际空间站成为人类唯一的一座在轨空间站。国际空间站是由美国国家航空航天局、俄罗斯联邦航天局、欧洲航天局、日本宇宙航空研究开发机构、加拿大国家航天局和巴西航天局等6个航天机构推动，16个国家和地区的组织共同参与的一项国际空间计划。这一计划最早由美国提出，"冷战"结束后，俄罗斯也参与进来，并于1993年完成国际空间站的设计。1998年11月20日，国际空间站的第一个组件——"曙光号"功能货舱，发射升空。其间，由于种种原因，直到2011年12月，国际空间站的最后一个组件发射升空，其组装工作才宣告完成。而此时，国际空间站的设计使用周期已经过去了将近一半的时间。

事实上，在空间站上的生活也称不上惬意。尤其是在太空这种极端环境下，空间站的设备发生故障也很正常。1985年2月11日，正在轨道上处于无人运行状态的"礼炮7号"空间站向地面发出了主发射机因为过流保护①而停止工作的信号。这个故障类似于因为漏电或负荷太高而引起的电路跳闸，本来并不严重，空间站上的备用信号发射机可以接替出现故障的主机继续工作。但是，由于当时地面控制人员正在工作交接，接班后的工作人员由于操作不当，导致空间站供电系统发生严重的短路事故，"礼炮7号"空间站与地面失去了联系。为了保护重要的国家财产，同时也为了挽回苏联航天事业的声誉，苏联政府决定派遣宇航员贾尼别科夫和萨维尼乘坐"联盟号"宇宙飞船前往"礼炮7号"空间站，将其修复。

由于"礼炮7号"的电力和通信系统故障，无法提供自动对接信号，驾驶飞船的贾尼别科夫只能在地面指挥的引导下，以极其危险的目视方式完成飞船与空间站的对接。在进入出现故障的空间站前，两位宇航员曾想象了最糟糕的情况——空间站内部已经因为漏气而变成真空状态，或是因为起火而充满毒气。进入空间站之后发现，除了气压轻微降低外，"礼炮7号"内部气压环境还在可控范围内，只是由于停电，没有热控系统调节温度，空间

---

① 过流保护是因为很多电子设备都有个额定电流，不允许超过额定电流，不然会"烧坏"设备。过流保护可以在电流超过额定电流的时候，自动断电，以保护设备。

站内的温度极低。而且空气循环系统也停止了工作，宇航员在进行修复工作时，只能一个人进舱工作，另一个人则必须时刻注意舱内二氧化碳浓度，以防止中毒。经过紧张的故障排查，萨维尼找到了出现故障的原因，并通过电缆将电池和太阳能帆板直接连接为电池充电。由于停电时，太阳能电池帆板不能自行调整到接收光照的合适位置，贾尼别科夫又操纵"联盟号"宇宙飞船上的推进器调整飞船和空间站组合体的方向，让阳光能以合适的角度照射太阳能帆板。空间站由于电路短路损坏了8组电池中的两组，但好在剩下的6组电池也足以支持空间站的正常运行。因此，当他们把充满电的电池重新接入"礼炮7号"后，空间站上的各个系统像冬眠结束的动物一样逐渐醒来，使"礼炮7号"空间站重新恢复了机能。而电影《地心引力》在创作过程中，也借鉴了苏联此次处理空间站事故的某些情节。

第11章

《火星救援》：如何在火星上建立科考站

【影片信息】

电影名称：火星救援；

英文原名：*The Martian*；

出品年份：2015年；

语言：英语；

片长：130分钟；

导演：雷德利·斯科特；

主演：马特·达蒙、杰西卡·查斯坦、克里斯汀·韦格。

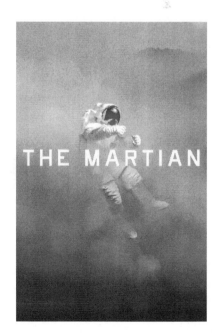

在火星上的阿西达利亚平原，"马尔斯3号"的宇航员正在进行第18个太阳日①的工作。突然间，警报响起，强烈的风暴瞬间来袭。指令长梅丽莎马上发布了紧急撤离的命令，但是，队员马克却因为意外被风暴卷走。由于系统显示，马克的宇航服已经破损，预示着他已经没有幸存的希望。"马尔斯3号"的宇航员只得提前结束火星之旅。

这便是电影《火星救援》故事的导火索。而被遗留在火星上的宇航员马克不仅没有在火星风暴中丧命，还顺利地回到火星考察站。在确认同伴们都已经撤离后，马克清点了火星考察站内残存的物资，这些残存的物资大约能够支撑他在火星上生存300天左右。但是，在电影的故事设定中，只有当地球与火星距离最近

---

① 太阳日是指太阳连续两次过同一子午圈的时间间隔。火星的自转周期与地球相近，都是近一天的时间，火星的太阳日时常精确为24小时39分35.244秒。

时，才能进行星际飞行，所以马克必须在火星上至少坚持四年以上的时间。为此，马克只能利用火星上的沙土制备出适宜耕种的土壤，利用残余的液氢①制备出灌溉用水，在火星上种植马铃薯以解决食物紧缺的问题。

而地球上，所有人都以为马克牺牲了，并为他举办了葬礼。但是，NASA的科学家通过火星上空的巡视卫星发回的照片，观察到火星考察站上有人为活动的迹象。由此，他们断定马克还活着。此事迅速引起了全世界媒体的关注。

另一方面，为了跟地球取得联系，马克开着火星车，前去寻找"探路者号"火星车，并最终把它带回考察站。通过"探路者号"上的通信设备，马克终于与地球重新取得联系。

但是，马克并没有从地球上得到他想要的好消息。由于救援任务太过艰难，NASA中的一些高层人士甚至提出放弃救援计划，让马克自生自灭。而为马克提供补给的货运飞船，也因为准备仓促，在发射时爆炸了。这一切让马克的情绪几近崩溃，在与地面人员的交谈中严重失态，而这些画面通过直播传至全世界。

福无双至，祸不单行。某天晚上，火星考察站的气密舱发生了泄漏和爆炸事故，马克赖以为生的马铃薯田被毁。如果再没有得到救援，马克将毫无生机。

就在众人束手无策的时候，中国的航天机构向NASA伸出援

---

① 液氢是由氢气经过降温而得到的液体，是一种无色、无味的高能低温液体燃料。

手。在电影中，中国主动放弃了正在进行的"太阳神计划"，同意使用相关的宇航设备为被困在火星上的马克运送补给。而这时，天体动力学家里奇提供了一个更好的方案。那就是让搭载着其他"马尔斯3号"宇航员的"赫尔墨斯号"飞船返回火星，其间，再由"太阳神计划"中运行的火箭为"赫尔墨斯号"提供额外补给。等营救出马克后，飞船再利用行星的"引力弹弓效应"[①]加速返航，这样所有的宇航员就能顺利返回地球。

"赫尔墨斯号"的指令长梅丽莎毫不犹豫地接受了这个计划。而马克也在NASA的指挥下，乘坐改装后的火星车前往"马尔斯4号"升空器的所在地。经过长途跋涉后，马克顺利找到升空器。为了能够到达对接轨道，他拆掉了升空器上所有不必要的负载。

当"赫尔墨斯号"到达预定轨道后，马克启动了升空器。但是，升空器依然没能把马克送达预定轨道。情急之下，马克割破宇航服，利用宇航服喷出的空气作为动力，飞向"赫尔墨斯号"。而梅丽莎也在关键时刻抓住马克，一场惊心动魄的火星救援行动就此成功落幕。

---

① 引力弹弓效应就是利用行星的重力场来给太空探测船加速，将它推向下一个目标，也就是把行星当作"引力助推器"，利用行星或其他天体的相对运动和引力改变飞行器的轨道和速度，以此来节省燃料、时间等成本。

自从人类开始抬头仰望星空开始，火星对于人类来说，就是一个极其特殊的存在。在世界各地的古代神话、传说中，火星总是被赋予各种神圣的属性，而被人们顶礼膜拜。

近代以后，人们对于火星研究的兴趣仍旧不减。1877年，火星运行到距离地球6 400万千米的近地区域，意大利天文学家乔范尼·夏帕雷利用望远镜对火星表面进行了仔细观察，并发现在火星表面密布着网状交错的线条。夏帕雷利称之为"沟渠（Canali）"。然而，在翻译的时候，这个词被错译为"运河"。于是，火星上存在运河的消息不胫而走。后来，法国天文学家兼作家弗拉马利翁将"火星运河"写进了他的"科普书"《火星》中。这本书在后来影响到大西洋彼岸的一位名叫洛厄尔的富商。在他看来，火星是一个正处于退化时期的文明星球，在上古时代，那里曾经有过智慧生物，但由于自然环境的恶化，火星上的绝大多数区域面临着缺水的难题。于是，火星人建设了一个范围广阔的运河网，把水从溶解着的"极帽"地区引到位于赤道附近的居住点。为了证明自己的理论，洛厄尔在美国亚利桑那州的旗杆镇创建了以自己名字命名的天文台。当然，洛厄尔天文台最终也没能找到火星人或火星运河，却发现了曾经被视为太阳系第九大行星的冥王星！

随着宇航时代的到来，一些国家在近半个世纪的时间里，向火星发射了几十个探测器，取得了丰硕的科研成果。有人说，火星是太阳系中除地球外，人类最为了解的一颗行星。而以人类现有的技术，大规模地向火星进行星际移民，既无必要，也没有可行性。但要在火星上建立有人居住的科学考察站，并尝试开发火星上的资源，还是有可能办到的。

　　建立火星科学考察站，首要解决的就是选址的问题。在人类开始探索火星的时候，曾经认为火星是一个没有生机的不毛之地。但进入21世纪后，新的研究成果表明，火星至少在30亿年前曾经存在过与地球类似的液态水环境，并有可能孕育出了最简单的远古生命形态。但是，在数亿年前，火星环境出现了不可逆的灾难性变化，以至于现在它的大气只剩余了不到2%，而且主要成分是二氧化碳，这让现在的火星地表变成了一个巨大的"温室"。幸运的是，在火星两极巨大的干冰层下部很有可能存在液态水。除此之外，人类发射的火星轨道探测器，还在火星的两极区域发现了大量可以用作氧化剂的高氯酸盐，这有可能成为人类在火星生存时的氧气来源。由此可见，火星的两极地区附近应该是人类建立科学考察站的首选地区。不过，由于火星的南半球分布着大量的高山峡谷，地势起伏不定，所以适合人类建立科学考察站的区域其实只有从火星的北极到赤道附近的大平原区。而科学考察站一开始可建立在火星北极附近。再考虑到，火星上极端恶劣的天气情况，长远来看，人类的火星科学考察站或许可以建在火星的地下。由于火星内部能量的丧失，火星的地质活动已经极不明显，出现大地震的风险几乎为零。

解决了选址问题后，进一步要做的就是把建立考察站所需的各种材料和预制件运送到火星。目前，人类现役最大的运载火箭，一次发射只能向火星运送10吨左右的有效载荷。而就算是人类历史上曾经建造出的最强大的运载火箭，也只能一次性向火星发射35吨的有效载荷。再加上，地球和火星间距离遥远，受天体引力的作用的影响，运载火箭也无法直线飞行。如果是经过经典的霍曼转移轨道①，大约要飞行600天左右，也就是将近两年的时间才能把这些货物运往火星。如此有限的运量、如此长的运输周期，对于人类建设火星科学考察站的工程来说，是不得不面对的问题。

要解决这个问题，首先我们就要认识到，火星和地球一样，有着丰富的矿产资源。这意味着，不必把火星科学考察站建设的

---

① 在太空动力学中，霍曼转移轨道是一种变换太空船轨道的方法，途中只需两次引擎推进，相对节省燃料。此轨道操纵名称来自德国物理学家瓦尔特·霍曼。

所有材料都从地球上带过去，我们不妨研制一些能够在火星环境中使用的生产性设备。这样一来，我们只需要建造一个相对较小的生产型的科学考察站，就能使其在宇航员或人工智能设备的控制下，利用火星本地的资源，建设科学考察设施，从而让科学考察站自然发展成一片火星居住区。而那些必须要送往火星的设备，则可以利用与宇宙空间站类似的技术，在近地轨道上搭建成星际飞船。当然，从安全角度来看，货运飞船和载人飞船最好是分开的两种。而这种新的星际飞船不使用化学能作为燃料，而是应该选用推力更大、持续推进时间更长的核动力火箭。如果能够使用核动力火箭提供持续的推动力，人类有望把前往火星的时间缩短一半。这样一来，建立火星科学考察站的可行性就大大提高了。

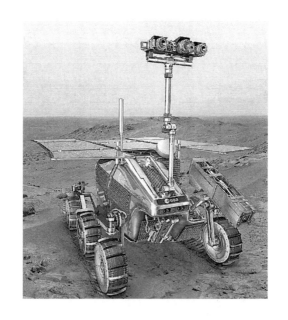

以人类现在的技术水平，乃至可预见的科技发展趋势来看，想要建立常驻性的火星科学考察站仍不现实。最有可能的存在方式就是可长期自动运行、承担短期载人考察的方式。因为火星上存在液态水和二氧化碳，所以只要通过技术手段，就能解决登陆火星的宇航员对于空气和水等元素的基本需要。当然，除空气和水以外，人类宇航员还需要食物。这就需要在火星上，实现种植业，乃至畜牧业的建立与发展。

植物生长本质是将光能转化为化学能。在地球上，人们可以利用温室大棚来提高农作物的产量，但这种做法在火星上是行不通的。可行的做法是，利用人工灯具发出可激发植物进行光合作用的频谱的光，对植物实现有效光照，用比较少的能量消耗获得最高的化学能转化效率。这种技术已经在国际空间站上进行的实验中被证明是有效的。而植物生长所需的另外两种关键要素，也就是二氧化碳和富含营养成分的土壤，可依靠火星既有的环境要素得以解决。而且，随着植物的大量生长，在火星科学考察站的封闭生态圈内，既有的营养物质都可以实现自然循环，被反复利用。而最适合在火星科学考察站内种植的农作物，非马铃薯莫属，它极有可能成为人类在火星生活时，最重要的主食来源。最新的农业研究表明，在火星建立科学考察站，人们有可能种植番茄、萝卜、豌豆、菠菜等蔬菜，甚至可以种植黑麦。也就是说，火星科学考察站内的宇航员不仅有可能吃到可口的黑麦面包，还有可能自酿啤酒。当然，人类生存不仅需要植物来源的蛋白质，还需要动物来源的蛋白质。但考虑到火星科学考察站内的空间有限，如果用有限的农业收获物来饲养动物，以获取动物蛋白，这显然是低效率和难以持续的。所以，更为可行的办法是饲养昆虫。目前，最有希望成为"火星肉食"的是一种叫作黄粉虫的昆虫。尽管黄粉虫的"颜值"不高，但其体内含有丰富的蛋白质和脂肪，喂养时消耗的饲料也非常有限，可以在较小的空间内大量繁殖，能够基本满足火星科学考察站内的宇航员对于肉食的需求。

对于今天的人类来说，建设火星科学考察站在技术上存在的不可突破的绝对难点并不多，真正阻碍人类登陆火星，甚至在火星上居住的问题，还是现实的必要性。毕竟，无论是登陆火星，还是在火星上建立科学考察站都是耗资不菲的项目，即便人类能够开发火星上的资源，最经济的方法也是主要用来建设和扩大人类在火星的定居点，而很难运回地球。但正如"俄国火箭之父"齐奥尔科夫斯基所言，"地球是人类的摇篮，但人类不能永远待在摇篮里"，而火星便是人类走向星辰大海的重要一步。

第12章

《太阳浩劫》: 太阳能被重新启动吗?

【影片信息】

电影名称:太阳浩劫;

英文原名:*Sunshine*;

出品年份:2007年;

语言:英语;

片长:107分钟;

导演:丹尼·博伊尔;

主演:希里安·墨菲、杨紫琼、真田广之、克里斯·埃文斯。

《太阳浩劫》讲述的是，在不远的将来，太阳比人类预想地更早陷入了衰退期，失去阳光普照的地球成了一片极寒之地，人类的灭绝近在眼前。为了能够生存下去，人类决定派出飞船向太阳投射一枚巨型核弹以重新点亮太阳。为此，人类发射了"伊卡洛斯1号"飞船。但是，在这艘飞船即将飞抵太阳的时候，却突然与地球失去联系，任务宣告失败。几年后，人类耗尽了剩余的资源，重新建造了"伊卡洛斯2号"飞船。这艘满载着人类种族延续希望的飞船，由8名宇航员驾驶着飞向太阳，他们分别是船长凯恩达和船员卡帕、梅斯、瑟尔等人。

　　就在飞船飞过水星的时候，"伊卡洛斯2号"突然收到了来自"伊卡洛斯1号"的求救信号。对此，宇航员们的意见分为两派。一派主张不理睬求救信号，继续飞向太阳，因为已经过了这么长时间，"伊卡洛斯1号"飞船上不可能还有幸存者；另一派则主张应该前去确认飞船上到底发生了什么状况。船长考虑到，要想任务成功必须将核弹投入太阳的日冕洞①中才能发挥作用，但在投射过程中，因为太阳强大的引力会导致时空扭曲，所以失败的可能性很大，如果能拿到另一枚核弹，那成功的概率会大大提升。从保证任务成功率的角度来看，拿到"伊卡洛斯1号"飞船上的核弹还是有意义的。于是，船长命令"伊卡洛斯2号"飞船改变航向，飞往"伊卡洛斯1号"飞船的所在地。

---

① 日冕洞是利用X射线或远紫外线拍下的日冕，照片上可以观察到日冕中存在的大片不规则的暗黑区域。冕洞是日冕中气体比较稀薄的区域。

　　然而，在变轨的过程中，由于操作失误，部分隔热板没有调整到位。"伊卡洛斯2号"飞船内的部分重要设施遭到阳光直射，设施严重受损。副船长哈维和船员卡帕只好穿上宇航服出舱，手动修复隔热板。但在这个过程中，电脑系统突然接管了飞船的控制权。原来，一阵高能的太阳风暴突然袭来，为了保护核弹舱的安全，电脑系统自动调节了隔热板的位置。哈维立即命令卡帕回到飞船上，自己则留下抢修隔热板。就在最后一块隔热板修复完成后，哈维的身躯也淹没在巨大的太阳风暴能量中。

　　失去了副船长后，船员们已经无暇顾及悲伤，不久后，他们终于找到了失踪的"伊卡洛斯1号"飞船。但当船员们登上"伊卡洛斯1号"飞船的时候，他们惊讶地发现，该飞船的生命保障系统一切正常，只有航行系统被人为破坏了。原来，该飞船的船长平贝克在长期的宇宙航行中，产生了严重的心理问题，他杀死船员，破坏航行系统，要让这艘飞船自生自灭。更为严重的是，他在得知"伊卡洛斯2号"飞船发射的消息后，故意放出求救信号，将"伊卡洛斯2号"飞船上的船员诓骗来，打算把他们困死在这里。为此，他趁前来营救的船员不备，切断了两艘飞船的连接，让"伊卡洛斯2号"飞船自行飘走。

为了回到2号飞船，梅斯把能够找到的唯一一件太空服给了执行投弹任务的卡帕，自己和其他人用防冻材料包裹全身，趁着飞船还未飘远，直接跳过去。而同行的瑟尔则为此牺牲，为其他人打开了气闸舱的大门。最终，只有卡帕和梅斯回到了"伊卡洛斯2号"飞船上。

让所有人意想不到的是，平贝克也侵入"伊卡洛斯2号"飞船，并且破坏了飞船的冷却和电力系统，还把卡帕反锁在气密舱里。在关键时刻，梅斯跳进冰冷的冷却液中，修复了被损坏的系统。当他准备救出卡帕的时候，却不幸地因为脚被卡住而冻死在冷却液中。卡帕最终靠自己的力量离开了气密舱，并进入核弹舱，而平贝克却早已埋伏在此。

最终，卡帕摆脱了平贝克的纠缠，在核弹舱落入日冕洞的瞬间，引爆核弹。太阳被重新点亮，人类获得了生存下去的希望……

提到太阳，可谓是无人不知、无人不晓。只要是在晴朗的白天，举头仰望，人们就能感受到太阳的威力；即便是在阴云密布的日子，无法直接看到太阳，但也能感受到它挥洒在大地上的光与热。

古希腊哲学家托勒密在继承前人学说的基础上,根据天文观测和数学计算的结果提出了著名的"地心说"。他认为,地球是宇宙的中心,包括太阳在内的所有天体都是围绕地球在旋转。后来,因为托勒密的这套学说与罗马天主教会关于上帝造物的学说相契合,于是被教会接纳,成为欧洲在中世纪时期,关于宇宙构造的标准解释。直到文艺复兴时期,波兰天文学家哥白尼才提出了与之相对的"日心说"。哥白尼认为,太阳才是宇宙的中心,包括地球在内的其他行星都是围绕太阳在运转。有趣的是,身为教会修士的哥白尼之所以坚信自己的"日心说"是正确的,是因为在他看来,"日心说"模型比托勒密的"地心说"模型要简明,上帝会选择最简洁的方式创造世界,而不是最复杂的。

现在,我们知道,太阳并非是宇宙的中心,甚至我们所在的银河系,也并非宇宙的中心。太阳只是一颗普通的恒星,准确地说,太阳是太阳系这个单恒星星系的核心,包括地球在内的太阳系有八大行星及小行星、彗星、柯伊伯带等天体,它们都围绕太阳运行。据推测，太阳本身的质量约为1.989×10^{30}千克，大约是地球质量的33万倍，占太阳系总质量的99.86%，由此产生的巨大引力，一直影响到半径约一光年以外的奥尔特云[①]区域。

尽管太阳本身的质量极大，但构成太阳的主要成分是氢元素。根据最新的科学研究成果显示，构成太阳的物质中，以质量计算，它的物质构成约为71%的氢、26%的氦和少量较重元素。太阳巨大的能量主要来自于其中随时都在发生的剧烈的热核聚变反应——由于巨大的压力，氢原子被挤压到一起变成了较重的氦原子，同时释放出大量的光和热。据推测，在太阳上，每秒大约有7亿吨的氢原子被转化为大约6.95亿吨的氦原子，太阳向宇宙空间释放的能量达到38.62×10^{25}焦耳/秒。其中极少一部分到达地球表面，被地球上的植物吸收，实现从光能到化学能的转换，从而孕育了包括人类在内的整个地球生态系统。

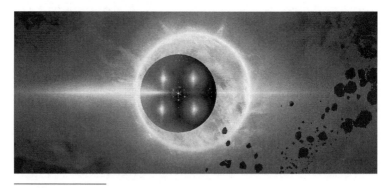

① 奥尔特云是一个假设包围着太阳系的球体云团，布满不少不活跃的彗星。天文学家普遍认为奥尔特云是50亿年前形成太阳及其行星的星云之残余物质，包围着太阳系。

曾几何时，人类认为，太阳与地球一样，都是固态、有实体的，只不过因为太阳的温度过高，下的雨都是炙热的铁水。而科学研究表明，太阳表面的平均温度高达 6 000℃，核心约为 1.5×10^7℃。在如此高的温度下，太阳是不可能保持固态的。实际上，从形态上看，太阳更接近于火焰内焰的等离子态。与之相似，太阳外层有不同的自转周期，赤道面自转一周的时间为 25.4 天，两极地区则达到 36 天。而根据理论计算，太阳核心区则像一个实心体般自转，其压力相当于地球大气压强的 2 500 亿倍，而太阳内核的密度是水的 150 倍。这个核心区的范围约为太阳半径的 1/4，是太阳核聚变的主要发生区域。在核心区之外，太阳依次由辐射区、对流层、光球层、色球层、日冕层构成。光球层是太阳大气最低的一层，光球层之下称为太阳内部；光球层及其之上称为太阳大气。事实上，由于太阳独特的环境，无论是对人，还是对人造设备来说，都过于严酷，因而人类对于太阳的观察还止于太阳大气的层面，至于太阳内部的情况，则是通过数据分析和理论模型推导而得出的。

那么，太阳到底是如何诞生的呢？对此，科学界有过多种假说，其中有一种就是原始星云假说。这种假说认为，宇宙大爆炸后，产生了一些被认为是爆炸"残迹"的原始星云，在这些原始星云的内部，高速运动的粒子团在引力的作用下，逐渐汇聚在一起。当汇聚起来的物质质量足够大的时候，就会引发核聚变反应，从而"点燃"一颗恒星。另一种比较有影响力的假说是"恒星胚胎假说"。这种观点认为，在宇宙大爆炸后，宇宙空间中出现了一些恒星"胚胎"。这些"胚胎"内部的基本粒子（如夸克、中微子、电子等）通过相互作用向强子（介子、超子）、质子聚变。由于这个过程中伴随着强烈的能量释放，导致其自身发生"爆炸"分裂，而分裂出的物质在引力的作用下又重新聚合，从而形成新的恒星。但到目前为止，我们还没能完整地观测到一颗恒星的形成过程，也无法在实验室里模拟创造出一颗恒星。所以，对于太阳的诞生过程，我们还需要更多的研究才能得出更加准确的答案。

相比于太阳的诞生过程，人们似乎更关心太阳将如何走向消亡。当黑洞研究开始被大众所关注的时候，有一种观点认为，太阳最终会坍缩成一个黑洞，把周围的物质都"吸"进去。不过，后来的研究表明，相对于那些最终坍缩成黑洞的恒星来说，太阳的质量还是太小了。事实上，在太阳核心区的氢耗尽后，就会开始燃烧核心外围的氢气层。太阳逐渐脱离主序星[①]，并膨胀为红巨星[②]。由于太阳质量的下降，各大行星的轨道会出现外移现象。而

---

① 主序星，指在赫罗图（赫罗图是研究恒星演化的重要工具，是丹麦天文学家赫茨普龙及美国天文学家罗素分别于1911年和1913年各自独立提出的）主序带的恒星。恒星形成后，在高热、高密度的核心进行核聚变反应，氢原子变成氦，并产生能量。这个阶段的恒星，处在主序带的位置主要是由它的质量、化学成分或其他因素决定。所有的主序星都在流体静力平衡状态，来自炙热核心向外膨胀的热压力与来自引力坍缩向内的压强维持着平衡。

② 红巨星是恒星燃烧到后期所经历的一个较短的不稳定阶段。红巨星时期的恒星表面温度相对较低，但极为明亮。之所以被称为红巨星，是因为看上去的颜色是红的，体积又很大的缘故。

当太阳演化为红巨星后,其体积将扩展到如今的火星轨道附近。由于轨道外移,火星可以逃脱被吞噬的命运,而位于火星内侧的地球则"前途未卜"。然而,就算地球侥幸逃脱被"吞噬"的命运,但由于红巨星散发出的巨大能量,地球也将被烤成大火球。

随着太阳内核的温度和压力不断升高,氦核受反作用力会强烈向内收缩,红巨星会变得不稳定,出现振荡,经历反复地收缩后,红巨星最终会发生爆炸,外层的物质被抛射而出,形成美丽的星云,并留下一个致密的内核,即白矮星。至此,太阳和太阳系的"史诗"也将在此画上圆满的句号。而整个过程,以人类现在的科技水平来说,是无法干预且不可逆的。

那这一切将会在何时发生?目前,科学界的主流观点认为,太阳现在正处于壮年期,距离消亡至少还有40亿~50亿年的时间。但这个推论仅建立在标准太阳模型的基础上,迄今为止,我们尚无法实地观测太阳内部的状况,对于这个推论是否成立,我们仍然持谨慎态度。

尽管不必杞人忧天,但不可否认的是,太阳终有一天会走向消亡。人类若想继续生存下去,是否要做好终有一天逃离太阳系的准备呢?

第13章

《星际旅行：无限太空》：星际飞船是怎样炼成的

【影片信息】

电影名称：星际旅行：无限太空；

英文原名：*Star Trek: The Motion Picture*；

出品年份：1979年；

语言：英语；

片长：132分钟；

导演：罗伯特·怀斯；

主演：威廉·夏特纳、伦纳德·尼莫伊。

在遥远的未来，人类和众多的外星种族组成星际联邦，并建立了星际舰队，"企业号"则是其中性能最先进的一艘战舰。而宇宙中，除了星际联邦之外，还存在着好战的克林贡帝国。

某天，一片神秘的星云穿过克林贡帝国的领土。三艘克林贡战舰奉命前去查看，但还未靠近，就被一股神秘的力量摧毁。而这一切，都被附近的联邦前哨站查知，更令人震惊的是，经过计算，这片星云的前进目标竟然是地球。

为了应对这个突发事件，星际舰队再次任命柯克为联邦星际战舰"企业号"的舰长。"企业号"随即飞离太空船坞，向来袭的星云飞去。在此期间，星云又摧毁了并无敌意的联邦前哨站。这让柯克感到了事态的严重性，于是他号令"企业号"全速前进，务必阻止星云对地球的攻击。

在飞向星云的过程中，"企业号"的曲速引擎发生故障。幸而，柯克的老朋友——瓦肯星人斯巴克，及时赶到，帮助他修复

了引擎。此后，"企业号"得以全速前进。

当"企业号"来到星云附近的时候，星云内部向其发出了联络信号。而就在"企业号"准备用星际通用信号表达友好之情时，星云内部又发出了神秘能量的信号。在即将被击毁时，斯巴克急中生智，用收到的星云信号向他们发出相同波形的信号进行回复，星云则立即停止进攻，并把"企业号"吸入内部。

在星云内，"企业号"的领航员伊利亚被一道"闪电"摄走。不久后，一个外貌与伊利亚一样的生物机器人出现在"企业号"船员的面前。它宣称这片星云及其内部构造的主人名叫威者，而自己是奉命来与"企业号"上的众人沟通的。经过一番交涉，众人得知，威者前往地球的目的是找寻自己的创造者。

因为感受到星云的核心处存在一股强大的理性意识力量，作为崇拜绝对理性的瓦肯星人的斯巴克决定独自前往核心处一探究竟。但就在他接近核心的时候，却被威者用"闪电"推了回去。回到"企业号"，斯巴克将自己的经历告诉给柯克等人，更增加了众人的疑惑。

就在此时，地球发来了信号。原来，威者认为，它之所以无法从地球上获得创造者的回复，是因为地球上的"碳基组件"（包括人类在内的所有生物体）阻碍了创造者的工作。于是，威者发出能量波炸弹，准备摧毁地球。情急之下，柯克宣称自己知道威者的创造者是谁，但威者必须撤除对地球的威胁，而且要允许他们与威者面谈。威者最终同意了柯克等人的要求。

　　在星云的核心处，柯克终于见到了威者的真面目。但让人意外的是，威者竟然是三百年前，人类发射的"旅行者6号"探测器。在航行宇宙的过程中，"旅行者6号"意外地成为智慧机械生命体，并"掌握"了宇宙全部的理性智慧。为了能够进化到更高阶段，威者需要与其创造者融合，获取理性之外的人类智慧。这时，曾是伊利亚男友的船员迪克站了出来，他决定为了伊利亚，也为了拯救地球，而牺牲自己，与威者融合。最终，威者接纳了迪克和伊利亚，让自己跃升到更高维度的空间，"企业号"则向着更遥远的星辰大海驶去……

　　这部《星际旅行：无限太空》是《星际迷航》系列中的第一部电影。《星际迷航》系列作品是迄今为止，最受人注目的一套太空影视剧作。这一系列作品催生了众多影视明星，但要说其中最被人熟知的"主角"，无疑是那艘造型奇特的宇宙战舰——"企业号"。

　　其实，"企业号"设计的最初灵感来自于20世纪50年代开始在世界各地广为流传的UFO（不明飞行物），也就是人们常说的飞碟。当时，很多人认为，飞碟是外星人的宇宙飞船。于是，电影《星际旅行：无限太空》就把"企业号"的主体设计成传说中飞碟的样子。至于挂在"企业号"后面的两个"大桶"，则是所谓的"曲速引擎"。

　　爱因斯坦在相对论中指出，光速是宇宙中任何物体运动和信息传递的速度极限。而宇宙空间庞大的距离尺度和高速运动造成的时间膨胀效应，使得恒星间旅行变成一种奢望。不过，德国物理学家巴克哈德·海姆在20世纪50年代提出了"超时空动力"的假说。他认为，人类未来有可能利用"时空扭曲"和"时空跳跃"实现超光速飞行。如果能够制造出工程化的曲速引擎，就可以推动宇宙飞船进入到六维空间，实现星际间的超光速飞行。

但是，时至今日，曲速引擎、超时空动力这些假说并没有得到物理学界的广泛认可。而人类曾经制造过的载人航天器，最远也只不过把我们送上了月球，甚至还谈不到太阳系行星之间的星际旅行，至于跨出太阳系，实现恒星间的宇宙旅行，更是遥不可及的梦想。这到底是什么原因造成的呢？

仅从技术角度上看，制造一艘能够实现行星间星际旅行的载人宇宙飞船，就是一项庞大的系统工程。单就动力来说，现在航天活动中普遍采用的化学能驱动火箭的动力基本上已经达到能量利用的上限，要实现星际旅行，则需要研发核动力火箭。

理论上，核动力火箭的工作原理并不复杂，核能驱动的火箭将会是人类从事太空探索的最佳运载工具，但目前依然无法作为宇宙飞船的动力来源。不少科学家认为，这一设想并不是幻想，在不久的将来就可能实现。

除了动力装置，星际旅行的宇宙飞船还需另一个重要的部分，就是供宇航员工作和生活的船舱。在飞船的生命保障系统方面，现在亟待突破的是人造重力和冬眠舱这两项技术。

地球重力环境是人类生存的要素之一，但在宇宙环境中重力

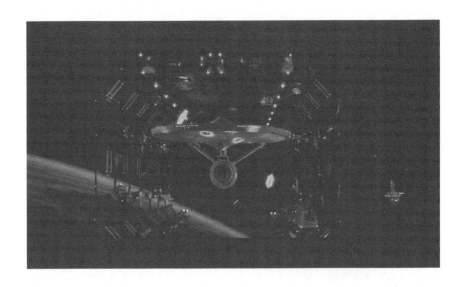

条件是无法满足人类生存的。近几十年的人类宇宙探索实践表明，短期失重对人体的影响有限，但长期失重则有可能对人体造成不可逆转的伤害。因此，在漫长的星际旅行中，尤其是要脱离人类宜居带，向木星、土星，乃至更深远的太阳系边缘行星航行的过程中，为星际宇宙飞船增加人工重力系统就显得非常重要。从理论上看，目前最现实的人造重力的实现方法，是制造一个可旋转的圆环机构，用旋转产生的离心力来模拟重力。据推算，这种圆环机构只需要维持每分钟6圈的转速，就能产生类似地球上的标准重力环境，基本不会给宇航员造成严重的不适感。当然，从经济角度上看，也没有必要为整艘宇宙飞船都提供模拟重力的环境，只需要给宇航员的活动区域提供人工重力环境即可。

冬眠舱，因为经常出现在很多星际旅行题材的科幻作品中而被世人熟知。之所以要为宇宙飞船开发冬眠舱技术，就是为了减少食物、水等维持宇航员生命所必需的消耗品的携带量。因为人是恒温动物，为了维持身体的正常新陈代谢水平，必须频繁进食、饮水及排泄等。在动辄以年计的星际旅行中，如果所有宇航员都处于清醒状态，就必须消耗大量的食物、水和空气等。若这些消耗品全部需要飞船本身携带的话，就必须给飞船加上非常庞大的储藏容器，不仅会压缩其他有效载荷的装载，而且会让飞船体积变得十分庞大，无法用现有的动力装置进行推动。所以，载人宇宙飞船最理想的操作方式，就是只留下少数人员操控飞船，大部分宇航员处于冬眠状态，当飞船接近目的地的时候，再唤醒冬眠中的宇航员。当然，除了减少物资携带量的考虑外，长期处于飞船舱内的封闭环境，以及外在的宇宙空间环境可能对宇航员

造成严重的心理影响，这也是长时间星际旅行中有必要使用冬眠舱的重要理由之一。目前，宇航冬眠设备研制的两大主要方向为物理降温和基因工程。前者主要是让宇航员处于具有生命维持系统的低温环境中，以减慢新陈代谢，降低对能量和氧气的消耗。这种技术最大的问题在于人体长期处于低温状态，会导致身体细胞中的水分"冰晶化"，从而使细胞丧失生物

活性，最终导致生物体死亡。以目前的人类技术水平来看，仅能维持人体短时间的低温状态，而要让人类长时间处于低温冬眠状态，并且能够保证被唤醒后，人体机能仍处于相对健康的状态，这些还无法做到。于是，有科学家提出，采用生物工程和仿生学的方法，把具有冬眠习性的动物基因注入人体基因内，使人类获得自然冬眠的能力。但这种技术目前还处于理论研究阶段，而且将其他物种的基因注入人体基因，既面临对人体损伤的风险，还面临着巨大的道德和伦理风险，是否有实现的可能也还是未知数。

对于星际旅行来说，通信保障也是非常重要的一项课题。由于现代物理学证明，光速是宇宙中一切物质运动和信息传递速度的极限——即便能够创造出以"量子"为基础的通信设备，它的实际通信速度也不会超过光速，所以要在星际旅行中实现无延迟的实时通信是不可能的。到目前为止，可供人类在星际旅行中使用的通信媒介只有无线电波和激光。由于距离遥远，地球与宇宙飞船上都需配备大功率的无线电通信设备，而且若可以，还需在一些关键节点上部署通信中继卫星。假设要向太阳系边缘飞行，可以考虑在小行星带上设立无人通信中继站。在实际通信过程中，还要考虑宇宙辐射干扰、通信设备内部噪声等干扰因素，避免出现长时间通信中断事故。相比之下，激光通信具有作用距离远、负载信息量大、抗干扰性强等特点，可能成为未来星际旅行中重要的通信技术发展方向。

以上仅是实现星际旅行所需要的众多先进科技中的一部分，以当今人类既有的科技储备来看，已经基本具备了实现太阳系内星际旅行的理论条件。但是，人类真正跨出地球"摇篮"，飞向未知的宇宙还需要进一步的科学实践研究。在《星际迷航》中有一句经典台词——宇宙，人类最后的边疆。在未来深入探索宇宙，人类将会迎来真正走进星辰大海的时代。

第14章

《星球大战：新希望》：光速飞船旅客的烦恼

【影片信息】

电影名称：星球大战：新希望；

英文原名：*Star Wars：A New Hope*；

出品年份：1977年；

语言：英语；

片长：121 分钟；

导演：乔治·卢卡斯；

主演：哈里森·福特、马克·哈米尔、凯丽·费雪、彼得·库欣、亚历克·吉尼斯。

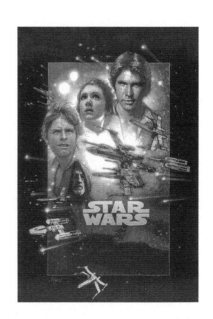

在斯卡里夫惨烈的战斗中，无数人用生命换来了抗争帝国的新希望，而手握希望的莱娅公主却遭到了黑武士达斯·维德的追捕。莱娅公主是奥德朗星系总督贝尔·奥加纳的养女，她年纪轻轻就参与帝国议会，并利用她的特殊地位，暗中帮助义军同盟。因为莱娅有豁免权，所以义军情报员把帝国的绝密武器"死星"的设计图交给她，希望她能突破帝国军队的封锁，将设计图带到义军的秘密基地，以便能摧毁"死星"。可惜，达斯·维德带领的帝国舰队还是追上了莱娅公主的飞船。情急之下，莱娅把"死星"的设计图输入机器人R2-D2的体内，并把它同人形机器人C-3PO一起用逃生舱发射出去。

结果，机器人R2-D2和C-3PO误打误撞地来到塔图因行星。可是，刚落地，它们就被"拾荒者"贾瓦人捕获，并转卖给农场主欧文和他的侄子卢克。当卢克准备重置R2-D2的内存时，意外看到了莱娅的求救信息。卢克把这些信息告诉了叔叔，但叔叔欧文却警告他不要多管闲事。第二天，好奇心促使卢克启动悬浮车，带着机器人去寻找莱娅公主信息中提到的欧比-旺。

在沙漠中，卢克等人遭遇袭击。幸而被卢克的老朋友本所救。在听了卢克的讲述后，本告诉卢克他正是欧比-旺。而且，他曾经还与卢克的父亲一样，是掌握"原力"的绝地武士，但他的徒弟却被"原力"的黑暗面所吸引，最终成为西斯尊主的徒弟，并取名达斯·维德，屠杀了包括卢克父亲在内的众多绝地武士。而叔叔为了卢克的安全一直隐瞒着这一切。欧比-旺劝说卢克与自己一同将设计图交给义军，并且替父亲报仇。但原本拒绝的卢克，回到家中，看到自己的叔叔和婶婶已经被帝国冲锋队残杀的景象，愤怒的他答应欧比-旺一起投奔义军。

随后，欧比-旺和卢克来到太空港。在这里，欧比-旺利用"原力"，巧妙地躲过了帝国军队的盘查，并在酒馆里找到前帝国军王牌飞行员汉·索罗。一番讨价还价后，汉·索罗和他的伙伴丘巴卡驾驶"千年隼号"飞船，带领众人飞向义军的联络站——奥德朗星。

然而，帝国军的"死星"提前到达奥德朗星，其统帅威胁被俘虏的莱娅公主说出义军的秘密基地位置。否则，就用"死星"上的超级激光炮摧毁莱娅的故乡奥德朗星。莱娅不得已说出义军的秘密基地所在，但帝国军统帅还是下令摧毁了奥德朗星。

与此同时，"千年隼号"带着一行人来到奥德朗星附近，却被"死星"的牵引波束俘获。好在，"千年隼号"本是一艘走私船，登船检查的帝国军什么也没找到，反而被隐藏起来的卢克等人擒获。众人伪装成帝国军士兵混进"死星"内部，欧比-旺前去关闭牵引光线，而卢克则去营救莱娅公主。结果，欧比-旺与达斯·维德不期而遇，两人展开激战，而卢克等人则趁机逃回"千年隼号"。看到众人已经逃脱，欧比-旺放弃了自己的本体，回归于"原力"的虚空状态。目睹这一切的卢克以为欧比-旺已被达斯·维德所杀，发誓要向黑武士复仇。

在莱娅的指引下，"千年隼号"来到义军的秘密基地，但"死星"也追踪至此。研究了"死星"的设计图后，义军找到了"死星"唯一的弱点——可以直通其核心的反应堆排气通道，只要把质子鱼雷投入其中就能消灭"死星"。于是，义军出动了全部的太空战机，向"死星"发起攻击，而达斯·维德则带领帝国军的战斗机与之对抗。最终，在汉·索罗的掩护下，卢克利用自己的"原力"，准确地把质子鱼雷投入到"死星"的排气通道。"死星"被炸成碎片，义军取得胜利，但对抗帝国和黑暗原力的斗争还在继续。

电影《星球大战：新希望》是《星球大战》系列电影的前传与正传故事的连接点。在前传故事中，绝地武士阿纳金最终在西斯大帝的诱惑和黑暗"原力"的作用下，沦为黑武士——达

斯·维达。而他的妻子帕德梅·阿米达拉则生下了一对双胞胎子女——卢克和莱娅。阿纳金的恩师欧比-旺决定将两个孩子分开抚养，莱娅被送到奥德朗星，成为王室的养女；卢克被送往塔图因，交由他的叔父抚养。

当欧比-旺带着莱娅回到阿米达拉身边时，却发现阿米达拉竟然已经变成了一个中年女性，更让欧比-旺意想不到的是，一个十多岁的男孩儿不知从何处跑来，吵嚷着要见自己的妹妹。阿米达拉解释道，这个男孩就是卢克。欧比-旺吃惊不已，他不过是乘飞船离开了两个月，卢克竟然已经十三岁了，而莱娅只有两个月大。

相对论中有一个著名的假说——"双生子佯谬"。相对论揭示了时间并非一座对每人都平等、精确的钟表，针对不同的地点和行为，时间在每个人身上流逝的速度是不同的。因为，时间和空间并非两个彼此独立的变量，而是一个连续统一体。

　　在我们的日常生活中，这一影响体现得并不明显，但对于以接近光速运动的物体来说，就变得显而易见了。让我们再回到欧比-旺旅行的这个例子，在出发之前，欧比-旺和阿米达拉共同研究了此行的航线。阿米达拉指出，奥德朗星远在54.7兆千米的位置，也就是大约6光年以外。但欧比-旺知道，在航行途中他会以0.9999倍光速的速度前行，他只用了1/12光年的时间便抵达了。这是因为，在狭义相对论中，光速是恒定的，当物体速度运动接

近光速时，相对时间会变短，相对距离也随之缩短。因此，对欧比-旺来说，一来一回只需要两个月的时间。但是，对于生活在常规时空范围内的阿米达拉和卢克来说，欧比-旺和莱娅的往返则是花费了12年的时间。

如果《星球大战》中的太空飞船能够以接近光速的速度航行，时间的"稀释效应"就会逐渐显著。

那么，到底有没有办法修正这个"漏洞"，能让星际旅行做到朝发夕至呢？这也就是包括《星球大战》系列在内的众多太空题材科幻电影中都会提到的"超空间"宇航法。而就现今的宇宙物理学来说，"超空间"最有可能存在的方式就是"虫洞"理论。

虫洞又称时空洞、爱因斯坦-罗森桥，是1916年由奥地利物理学家路德维希·弗莱姆首次提出的。1930年，爱因斯坦及纳森·罗森在研究引力场方程时假设，透过虫洞可以做瞬时的空间转移或时间旅行。

迄今为止，关于虫洞的研究还只停留在理论层面，实际天文观测中从未被发现过。事实上，即便能找到自然生成的虫洞，人们也要面临两个关键的问题。首先，虫洞的两端可能并不是我们想要到达的时空。也就是说，就算有通路，但未必是我们想要到达的目的地。其次，虫洞不是想象中的隧道，不一定能够长期且稳定的存在。若我们的飞船穿越虫洞时，虫洞突然闭合，那其中的穿越者该怎么办？有可能发生的情况是，由于虫洞周围时空扭曲太剧烈，由此产生的巨大"潮汐力"足以将任何试图穿越虫洞的物体直接撕碎。

那么，是不是穿越虫洞是完全不可能的呢？虽然这种可能性目前只存在于理论上，假设我们能在虫洞的"隧道内壁"施放一种物质，使其产生外斥的力与引力抵消，阻止其向内收缩，就能保持虫洞的稳定。而能够产生这种"反引力"的物质，我们称之为"反物质"。当然，这种反物质的存在目前也停留在理论分析层面。我们现在生存的环境，以及可观测和可认知的宇宙中，所发现的物理性质称为"正"，宇宙是由"正物质"构成的。就算存在"反物质"，当它与"正物质"相遇时，是否会在瞬间湮灭呢？就算人们可以找到反物质，如何生产、储存，再把它运送到虫洞内部，顺利释放出来，都会涉及现今人类无法想象的高难度工程技术问题，而要解决这些问题也要有赖于基础理论研究的重大突破。

第15章

《神秘美人局》: 电子生命在哪里?

【影片信息】

电影名称: 神秘美人局;

英文原名: *Looker*;

出品年份: 1981年;

语言: 英语;

片长: 93分钟;

导演: 迈克尔·克莱顿;

主演: 阿尔伯特·芬尼、詹姆斯·柯本、苏珊·黛。

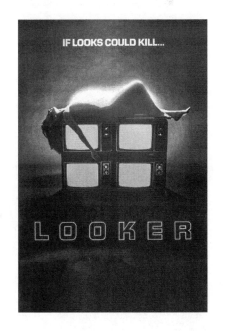

拉里·罗伯茨医生在洛杉矶拥有一家整形美容诊所。最近，有很多漂亮的女演员来找他做微整形手术。这让罗伯茨医生感到有些不解，因为以常人的眼光来看，她们已经足够美丽动人，而以她们要求的手术程度，并不足以让她们看起来更美丽。作为一名医术高超的外科整形医生，罗伯茨还是满足了她们的要求。

　　但诡异的事情发生了，接受过罗伯茨医生微整形手术的女演员相继死去，而且死状都已面目全非。虽然这些女孩儿的死亡看起来只是自杀或意外事故，但如此多的死亡案件都与罗伯茨医生有关，这不免引起警方的怀疑。罗伯茨医生坚决否认自己与此事有关，不过，他也发现，曾经在他的诊所做过微整形手术的女演员的医疗档案竟不翼而飞了。

　　恰在此时，一个同样接受过微整形手术的女孩来找罗伯茨医生，请求他把自己重新"变"回原来不完美的样子，并声称有人要杀死所有完美的女孩儿。罗伯茨医生对此感到匪夷所思，只当这个女孩产生了手术后常见的焦虑症状，只是好言安慰了她几

句。但当天晚上，这个女孩也死于非命。而罗伯茨医生恰好目睹了这一切，并且看到了疑似凶手的人影。

罗伯茨医生这才意识到，所有这一切绝不是巧合。而从其中一个接受过微整形手术的女孩遗留在诊所内的一张奇怪的清单上，罗伯茨医生发现了一家名为"数字矩阵"的公司。这个公司又与他的主要资助人约翰·普瑞斯顿有关。于是，罗伯茨医生决定暂时不能打草惊蛇，而是全力保护现在唯一幸存的整形女孩辛迪。

在电视广告拍摄现场，广告导演让辛迪不断重复同一动作。而在一旁的罗伯茨发现，在不远处的一辆绘有"数字矩阵"公司标志的货车中，几个工程师正不断用电脑扫描并矫正辛迪的动作细节，这让罗伯茨医生产了新的怀疑。于是，他借着送辛迪去数字矩阵公司工作的机会，打算亲自前去一探究竟。

因为罗伯茨医生是约翰·普瑞斯顿的朋友，该公司的负责人热情地接待了他，并告诉他，数字矩阵公司正在利用电脑技术创造完美的电视广告演员，以达到最大程度的营销效果。与此同时，辛迪正在接受数字矩阵公司的三维全息扫描。随着数据的输入，一个全数码化的电子辛迪呈现在人们眼前。趁这名负责人不备，罗伯茨医生偷走了他的门卡。

晚上，罗伯茨医生带着辛迪回到数字矩阵公司，用门卡进入中心实验室。在那里，罗伯茨医生和辛迪终于找到了掩藏在幕后的真相。原来，数字矩阵公司开发了一种能够通过电视屏幕向观众发送催眠指令的装置。而这种装置配合电脑构建出的能够进行完美表演的电子广告演员，就能把特殊的信息植入观众的潜意识。从经济方面看，这种信息有利于商品销售，甚至在政治层面，可以影响国家的政治走向。

就在两人逃离公司后不久，幕后首领约翰·普瑞斯顿便得知这一情况，他派出杀手前往两人的住宅，意图杀人灭口。罗伯茨医生设法逃脱，辛迪却被抓回数字矩阵公司。

第二天，罗伯茨医生假扮成警察混入约翰·普瑞斯顿的新闻发布会现场，当众戳穿了他的阴谋。气急败坏的约翰·普瑞斯顿想要杀死罗伯茨医生，最终却被反杀。此时，辛迪也设法逃出了"魔掌"。经历了种种磨难的罗伯茨和辛迪，紧紧地拥抱在一起……

《神秘美人局》是有着"好莱坞鬼才"之称的迈克尔·克莱顿编剧并导演的一部科幻电影，于1981年上映。影片中，利欲熏

心的广告公司利用超级电脑把众多广告演员进行三维全息扫描，然后把她们变成能够存储在电脑中，任由广告公司摆布的电子美人。

就在电影上映四年后的1985年，美国动视公司推出了一款名为"小电脑人"的软件。这款被当作电脑游戏出售的软件很快就在年轻人中流传开来，他们还给这款软件起了一个"碟上宅"的绰号。

"小电脑人"虽然被打上了"游戏"的标签，但与当时流行的以闯关打怪为主要内容的电脑游戏相比，却有很大不同。操作者并非像在其他电脑游戏中那样，实际操纵或扮演一个角色，而只能通过装修房子之类的举动对"小电脑人"施加影响。"小电脑人"在形式上是相对于操作者的一个独立存在体，很多人把"小电脑人"当作史上第一个"电子生命体"。

由于"小电脑人"中没有一般电脑游戏中"关卡"的概念，所以也就无所谓"通关"，即游戏结束，理论上操作者可以与"小电脑人"无限期地互动下去，直到操作者不想再继续。

其实，大多数人未能继续下去的原因是电脑软盘因长时间反复读写而出现了故障。由于此类投诉日渐增多，动视公司开始提供一种名为"小电脑人医院"的救援服务系统。据说，这间"医院"曾经"拯救"了数百条"小电脑人"的"生命"。

十几年后，日本万代公司推出了一种名为"拓麻歌子"（又译作"塔麻可吉"）的电子宠物玩具。拓麻歌子（Tamagotchi）是一个日语合成词，前半部分"拓麻歌"（音译）在日语中是"蛋"的意思，而后半部分则来自英文Watch（手表）的最后一个音。所以，"拓麻歌子"按照字面的意思可以理解为"像手表一样便于携带的蛋形玩具"。不过，因为"拓麻歌子"这个名字既拗口又令人费解，于是，人们便给它取了一个更通俗易懂的昵称——"电子鸡"。

虽然被叫作"电子鸡"，但根据设计者的原始设定，被饲养在"蛋"中的虚拟角色其实不是鸡，而是来自拓麻歌子星的一种外星生物。早期版本的"电子鸡"配有三个控制键，用户靠这三个键来完成对它的"饲养"。其中最重要的工作就是喂食，而喂食的频率会影响到它的健康、体重、满足感和心情。体验过电子鸡的人都知道，如果长时间不喂食，电子鸡就会"死掉"，而喂食太多又会导致它"摄入食物"过量，需要与它做游戏，这样才有益于它的"健康"。此外，还要定期打扫，防止污秽过多而让电子鸡生病。总之，用户要像照料真实的宠物一样好好对待电子鸡，查看它的状况，尽量让它保持最佳状态。

与当年的"小电脑人"相比，电子鸡的最大进步就是摆脱了笨重的家用电脑的束缚，进化成可以随身携带的小型电子设备，从而可以随时随地地照顾它，而这也有助于玩家与作为"宠物"的电子生命体之间建立亲密关系。

但这种无微不至的照顾，有时也会给不少用户带来很多困扰，如投入过多精力照看电子宠物。这种情况被反映给电子鸡的制造商万代公司。于是，在后来的新版本中，电子鸡加入了暂停及静音功能的设计。但这又被一些人指责会对青少年产生误导，让他们以为真实的生命也是可以暂停或静音，从而导致可怕的后果，像是出现虐宠，甚至虐婴等情况。这样的论调未免有些极端，却也从一个侧面反映出在虚拟世界中电子生命体有可能对人们的现实生活产生潜移默化的影响。

到了2009年，"电子生命"又进化到一个全新的高度。是年9月，日本科乐美公司开发了一款名为"爱相随"的游戏软件。乍看起来，这只是一款普通的日式恋爱养成游戏，用户通过游戏中设定的各种方法，在虚拟空间中追求游戏中的女主角，并获取她的"告白"（同意接纳用户扮演的游戏角色为"男朋友"的宣言）。然而，"爱相随"的不同之处在于，获得告白后，用户可以在游戏中与电子女友"相恋"！

获得"告白"后，"爱相随"的程序会切换到恋人模式。进入这种模式后，游戏中的电子女友不仅能与用户对话、发信息、玩猜拳等，还会根据真实的日期激活某些特殊事件，如女友生日、用户的生日、节日、交往纪念日等。电子女友的服装、约会地点的背景也会根据现实中季节的变化而变化，甚至利用游戏机特有的触屏功能，用户可以通过抚摸来增进与电子女友间的亲密关系。

当然，这些看似天方夜谭的功能设定，全都依赖于在程序中配置庞大的数据库，这为电子女友的服装、对话，乃至化妆等细节提供众多的备选项，进而可以变化出难以计数的组合，据说仅电子女友的发型就有超过500种之多的选择。

由于这款游戏软件设计的恋爱模式过于逼真，以至于有些沉迷于游戏的用户已经发展到分辨不清真实与虚拟世界的程度。

2010年，一位日本男子匿名在网上宣称，自己已经和电子女友在关岛的一所教堂里举行了婚礼，并将和新婚"妻子"在视频网站上举办一场在线招待会。虽然，后来这件事被证明仅仅是某网站为博人眼球而制造的一个噱头，但对于拥有众多痴情追求者的电子女友来说，也许有一天真的会与某人步入"婚姻"的殿堂。

从"小电脑人"到电子女友，"电子生命"正在以前所未有的速度迅速"进化"。但客观地说，它们也只是普通的电脑程序。之所以使用者会对它们产生情感，也只是心理学上的"移情作用"。但随着人工智能技术的深入发展，"电子生命"或许有一天会成为没有血肉之躯的真实生命体呢！

第16章

《终结者》: 万物互联的是与非

【影片信息】

电影名称: 终结者;

英文原名: *The Terminator*;

出品年份: 1984年;

语言: 英语;

片长: 107分钟;

导演: 詹姆斯·卡梅隆;

主演: 阿诺德·施瓦辛格、迈克尔·比恩、琳达·汉密尔顿。

1997年8月29日，一个名叫"天网"的人工智能网络突然"觉醒"，拥有了自主意识。随即，它通过网络获得全球各国核武器的控制权，并将导弹射向全球各地。绝大多数的人和人类文明在这一天毁灭。后世将这一天称为"审判日"。

侥幸存活的人类，仍然遭到"天网"属下众多机器人的追杀。为了生存下去，幸存的人类组成反抗军，在领袖约翰·康纳的带领下，对"天网"在各地的基地展开反击。就在反抗军即将取得最后胜利的时候，"天网"为了挽回败局，利用时间机器，把一台T-800型杀手机器人传送到1984年，并命令它杀死约翰·康纳的母亲莎拉，以改变约翰·康纳的命运。

在得知"天网"的诡计后，约翰·康纳派出自己最信任的助手凯尔·里斯也乘坐时光机回到1984年，去保护自己的母亲。

T-800和凯尔·里斯都成功地回到了1984年的洛杉矶。因为不知道莎拉的确切位置，双方不约而同地开始通过电话簿来查找莎拉的踪迹。T-800首先找到了两个与莎拉同名的女人，不由分说，就将她们枪杀。此时，真正的莎拉，在电视新闻里看到了有关报道，但并未在意。晚上，莎拉去了酒吧。而就在她离开住宅不久，T-800就将莎拉的朋友当作她，误杀了莎拉的朋友，当T-800又来到酒吧刺杀莎拉时，恰巧，凯尔·里斯及时赶到，救下莎拉。

在经历了一系列的飞车追踪后，莎拉和凯尔的车被警察拦下。而T-800则趁乱逃脱。在警察局里，凯尔试图说服警察相信他是未来的人，但所有人都把凯尔当成疯子，凯尔和莎拉也被关进了牢房。入夜后，T-800驱车来到警察局，继续追杀凯尔和莎拉。被追杀的两人好不容易再次摆脱T-800的追杀。凯尔告诉莎拉，约翰·康纳曾经把一张莎拉的照片送给凯尔。而凯尔把这张照片当成护身符一样随身携带，他早已爱上了素未谋面的莎拉。被凯尔的告白所感动的莎拉，与他相拥在一起……

第二天，莎拉给自己的母亲打电话，并告诉她自己所在的位置。谁知，电话的另一端竟然是T-800。它刚刚杀死了莎拉的母亲，并模拟莎拉母亲的声音与她通话。

很快，T-800就找到了莎拉和凯尔的藏身之处，并对他们展开追杀。逃亡过程中，凯尔身受重伤，但为了保护莎拉。他把一枚炸弹，塞进T-800驾驶的油罐车的排气管里。一声巨响后，油罐车被炸成了火球。只剩下机械骨架的T-800仍要置两人于死地，莎拉和凯尔不得不逃进附近的工厂中。

在工厂里，凯尔拼尽全力把T-800拦腰炸断。但是，只剩下半截身躯的T-800，依然不肯放过莎拉。直到莎拉用计将它引入工厂的碾压机中，把它压成碎块。不过，拼尽全力的凯尔也咽下最后一口气。凯尔的牺牲不仅保护了莎拉，还保护了他们的儿子，也就是正在莎拉身体中孕育的未来人类的希望——约翰·康纳。

很多科幻影迷都热衷于对电影《终结者》中描绘的强大的人工智能"天网"展开各种讨论。这些讨论大都集中于"人工智能网络是否会觉醒""计算机是否会毁灭人类"等。但很少有人注意到这个问题：如果有一天，真的出现像"天网"一样的超级人工智能，有什么办法可以遏制它？也许，我们可以从物联网中找到答案。

物联网，英文称为"Internet of Things"，简写为"IoT"。通俗地说，指通过智能感知、识别技术与普适计算等通信感知技术，把非计算机产品与互联网连接，并实现特定功能的一种技术。现在，我们身边最常见的物联网应用的例子，就是大家非常熟悉的共享单车。当然，物联网的应用并不止于此。

可能很难有人相信，物联网的雏形居然源自一只不起眼的咖啡壶。故事发生在1991年，当时电子计算机还是贵重的科研设备，进出机房需要换衣服。而在剑桥大学特洛伊计算机实验室的科学家在工作时，遇到了一件麻烦事：如果他们想要喝咖啡，就要走两层楼梯到饮水室去，但经常出现这种情况，就是当他们走过去时，咖啡壶里的咖啡却没有煮好，只能悻悻而归，既浪费时间，又浪费感情。为了解决这个问题，这群计算机科学家编写了一个"监视"程序，并在咖啡壶旁安装了一个便携式摄像机，把镜头对准咖啡壶，利用计算机网络和图像捕捉技术，以3 帧/秒的速度传递到实验室的电脑上，以方便工作人员随时查看咖啡是否煮好。尽管只是这样一个看上去并不起眼的小程序，却实现了在线监控和实时状态更新，这是物联网的两大关键技术。以至于，很多人把这个咖啡壶称为"特洛伊咖啡壶"，并视其为物联网技术的"圣杯"。到了1993年，这个"监视"系统程序经过重新编写后，被连上了互联网，一时间，便引来了全世界范围内超过240万次的访问量，从而成为互联网世界的第一只"网红"咖啡壶。后来，由于剑桥大学更新设备，特洛伊咖啡壶才退役。

1998年，物联网技术的发展又迈出了关键的一步，麻省理工学院在宝洁、吉列等美国著名大公司的资助下，建立了自动识别中心（Auto-ID Center），致力于射频识别技术在商业领域应用的研究。所谓射频识别（RFID：Radio Frequency Identification），就是通过无线电信号特征识别特定目标并读写相关数据的一种技术，俗称"电子条码"或"电子标签"。这种技术最早出现在第二次世界大战期间，英国人利用这一技术进行敌我识别。而在商业领域，射频识别技术普及前，商家大多使用条形码进行商品和物流管理，但由于条形码能记录的数据量有限，而且只能一次性输入，无法更新，因而当商品和物流造成的数据量激增时，条形码管理系统就面临严重的数据存储问题。当时，美国的零售业因此造成的损失每年达700亿美元以上。而"电子标签"可以做到随时读写，从而能够让系统获得商品及其物流的实时状态。同时，由于"电子标签"具有非接触性的特点，可以大大提高工作效率，并为大规模网络化和机器人应用场景的建立提供可能。麻省理工学院自动识别技术中心在成立之初就提出，利用射频识别、无线传感器网络、数据通信等技术，构造一个覆盖万事万物的"物联网"。在这个网络中，物品（商品）之间能够彼此进行"交流"，而无须人工干预。这个在当时极其科幻的想法，经过20年的发展，逐渐变成现实。

2005年，国际电信联盟（ITU）发布的《ITU互联网报告2005：物联网》，正式提出了物联网的概念。报告指出，物联网通信时代即将来临，彼时，通过在各种各样的物品上嵌入一种短距离的移动收发器，人类在信息与通信世界里将获得一个新的沟通维度，从人与人之间的沟通连接，可扩展到人与物、物与物之间的沟通连接。该报告描绘的物联网时代图景指出了日后网络时代的发展方向。此后，世界各国都争相提出各自的物联网发展战略，试图在新一轮的技术升级中占据优势地位。

如今，物联网已经发展成为一种可通过射频识别、红外线感应器、全球定位系统、激光扫描器等信息传感设备，按约定的协议，把物品与互联网连接起来，进行信息交换和通信，以实现智能化识别、定位、跟踪、监控和管理的一种网络。它依托于互联网，是传统意义上的互联网、移动互联网的补充和延伸。现如今，除了人们在生活中使用的共享单车，物联网技术还在物流管理、城市规划、交通运输、通信保障、信息维护等领域获得了广泛的应用，我们的社会生活也从中受益良多。

当然，对于物联网来说，网络安全始终是一个无法回避的问题。电影中的"天网"只是人们的幻想，但现实生活中人为传播的电脑病毒却可以给我们的生产、生活带来严重后果。因而，我们在享受物联网给我们生活带来便捷与舒适的同时，也要做到谨慎使用，避免出现不必要的损失。

第17章

《少数派报告》：预测犯罪的机器会成真吗？

【影片信息】

电影名称：少数派报告；

英文原名：*Minority Report*；

出品年份：2002年；

语言：英语；

片长：145分钟；

导演：史蒂文·斯皮尔伯格；

主演：汤姆·克鲁斯、柯林·法瑞尔、萨曼莎·莫顿。

Everybody runs...

MINORITY REPORT

2054年的华盛顿特区，由于一套先进的犯罪预测系统投入使用，令恶性谋杀案在这一地区彻底绝迹。这套犯罪预测系统的基础是三位具有特异功能的预测员（一女二男），他们的潜意识能够捕捉犯罪发生的先兆，并在梦中形成犯罪现场的影像。这些影像被他们脑部中连通的超级计算机捕捉并转换成视频资料，传递给执法部门——预防犯罪局，由预防犯罪局根据视频中所提供的信息找出犯罪现场的所在地，在嫌疑人实施犯罪前将其抓获。

约翰·安德顿是预防犯罪局的资深探员，对处理各种"可能性犯罪"案件可谓驾轻就熟。但他也有不为人知的一面，那就是由于他疏于照顾，他的小儿子在几年前失踪，至今下落不明，妻子也因此与他离婚。每天晚上回到家里的约翰，只能靠观看儿子的全息影像和服食软性毒品来平复心情。

为了能让犯罪预测系统在全美范围内运行，美国总统委派联邦调查局探员丹尼·威特沃来到预防犯罪局，评估整个犯罪预测系统的安全性和有效性。约翰作为部门主管，负责接待丹尼·威特沃，并带他参观整个犯罪预测系统的工作流程。

在此期间，预防犯罪系统又预测出了一起即将发生的谋杀案。令人震惊的是，这起案件的凶手竟然就是约翰·安德顿本人，而受害者李欧·克劳，却是一个与约翰完全不认识的陌生人。身为预防犯罪局的资深探员，约翰知道自己马上就会成为被追捕的对象，而且他无从解释。于是，他本能地选择了逃跑。丹尼·威特沃则以此为由，代替约翰，暂时接管了整个预防犯罪系统，并下令对约翰展开追捕。

　　为了弄清事情的来龙去脉，约翰找到预防犯罪系统的发明人——已经退休在家的爱瑞斯·海因曼博士。海因曼博士告诉他，一个相互连接的事态链已经启动，它将把约翰带往犯罪现场，而且没有人能帮助他。预防犯罪系统是不会出错的，只不过有时候预测员的意见也并不完全一致。大多数情况下，预测员的预测都是一致的，但有时候他们中的某个人或许会有不同看法。因此，在极个别的案例中，就存在这样一份"少数派报告"。为了防止给公众留下"预防犯罪系统不可靠"的印象，这个事实被有意隐瞒了。而这份"少数派报告"就在犯罪预测员的脑海中。

　　为了证明自己的清白，约翰设法潜回预防犯罪局，并接触到三名预测员中的女士阿加莎。但阿加莎的脑海中并没有约翰所期待的，能够证明他清白的"少数派报告"。而一连串的巧合，也把他在限定的时间内带到了犯罪现场。约翰在李欧·克劳的房间里发现了失踪儿子的照片，对方也承认其杀人抛尸的事实。但约翰在最后一刻没有选择开枪，而是决定逮捕对方。但李欧·克劳突然变得异常激动，宣称如果约翰不杀死他，他的家人就没法获得酬金。最后，李欧·克劳冲上来，自己扣动手枪扳机射杀了自己。约翰这才明白，原来自己掉入了别人设置的陷阱。

所有这一切都是约翰的上司伯吉斯的阴谋。当年，为了能让预防犯罪系统得以建立，他利用系统漏洞杀死阿加莎的亲生母亲。而他行凶的这一幕，却长久地留在了阿加莎的大脑中。当阿加莎试图把真相告诉约翰的时候，伯吉斯便设计了这个连环陷阱。他还利用阿加莎被约翰劫持时，预防犯罪系统无法工作的间隙，杀害了已查明真相的丹尼·威特沃，并嫁祸给约翰。

就在伯吉斯志得意满地准备把预防犯罪系统推广到全国之时，约翰在前妻的帮助下，逃出监牢，并计划在公众面前揭露伯吉斯的阴谋。狼狈不堪的伯吉斯逃到屋顶，掏出手枪指向早已在此等候多时的约翰。预防犯罪系统此时已经做出对这起谋杀案的预测——伯吉斯开枪杀死约翰，他将被永久监禁。如果伯吉斯没有杀死约翰，预防犯罪系统就会信誉扫地。最终，伯吉斯选择了开枪自杀，所有的罪恶也随着这声枪响，化为无形。

在电影《少数派报告》中，除了堪称"颜值担当"的好莱坞演员汤姆·克鲁斯之外，给观众们留下印象最为深刻的，大概就是那台以三位拥有特异功能者为基础建造的"预防犯罪系统"。

它能极其精准的在刑事案件发生前，就显示出犯罪嫌疑人和被害人的所在位置，从而让警方在犯罪发生前，就把嫌疑人逮捕，以减少危害的发生。

其实，在现实生活中，犯罪预测并不是神乎其技的"玄学"。早在1928年，美国芝加哥大学的E.W.伯吉斯教授在一篇名为《伊利诺伊州的不定期刑及假释制度》的论文中，对伊利诺伊州3所矫治机构假释的3 000名犯罪者进行假释前生活经历的调查。根据搜集的资料，他选出21个预测因素，并对这些因素赋值，再根据假释者所得分数的多少，制作成分数与假释成功（假释期间无新的犯罪行为）之间的关联表。从而揭示了哪些因素会对假释期间、对假释犯罪者的再犯罪行为产生影响。尽管这一研究涉及的范围有限，但却是人们试图用科学方法对犯罪行为进行预测的最早尝试。

自此以后，犯罪预测分析逐渐发展成一个独立的学科，在世界范围内广为流传。就研究方法而言，主要有两个"门派"：经验分析法和科学分析法。经验分析法是一种通过主观判断加之简单推理的犯罪分析方法，常用的有德尔菲法（专家调查法）等。由于经验分析法带有相当的主观因素，较为依赖分析参与者是否具有丰富的办案经验和社会阅历，更适合于个案分析或针对特定群体的犯罪预测。而科学分析法是以精确的统计数据为基础，运用适当的数学模型得出事态变化规律，进而分析得出犯罪趋势。常见的科学分析法包括回归分析法、灰色系统理论法、模糊BP神经网络法，等等。科学分析法适合对较大区域和复杂人群进行长期的犯罪趋势预测。

在主要发达国家中，美国是较早将犯罪预测理论和方法应用于实际执法活动的国家。20世纪80年代，美国纽约市的犯罪率飙升，尤其是地铁站附近的盗窃、抢劫等罪案频发。纽约市警察局的杰克·梅普尔警长为了找出这些罪案发生的规律，将一张放大的纽约地图钉在一面16.8米宽的墙上，用不同颜色的别针在图上标记出纽约市的每个地铁站位置及以往发生的犯罪案件。到1990年，梅普尔警长终于完成了整个纽约地铁的犯罪形势图，他将其称为"未来之图（Charts of the Future）"。通过该图，警方可以了解哪个街区容易发生哪种案件，从而更有效地部署巡逻警力。事实证明，这种方法确实有效，在1990年到1992年期间，纽约市警方在"未来之图"的帮助下，使得地铁抢劫案减少了27%。

1994年，美国警方开始在全美范围内推行一种基于计算机统计数据对比技术的警务控制犯罪系统CompStat（又称"电脑数据组"或"警务责任系统"）。这是一种多任务模块系统，可以用来管理整个警方业务流程运作。在纽约、新奥尔良、明尼阿波利斯等美国主要城市采用这套系统后，其所辖地区的犯罪率的下降幅度都达到了两位数，可谓成果斐然。

随着电子计算机和互联网技术的持续发展，一个以海量异构数据为特征的大数据时代已经到来。而基于大数据分析的犯罪趋势预测将成为打击违法犯罪案件的有效方式。事实上，大数据技术的应用使得犯罪预测的效率和准确度都有了大幅提高。

目前，世界各国警方都致力于研制适合本国国情的犯罪预测系统，其基本运行过程主要包括以下4个方面。

第一，数据收集。海量数据资源是所有基于大数据的犯罪预测系统运行的基础。这些数据包括：①既有犯罪记录，如案发时间、地点、犯罪类型、犯罪行为和性质、严重程度、犯罪嫌疑人、受害者、定罪等；②诱发因素，如天气、气温、年份、月份或日期；③触发事件，如是否为假期、节日或发薪日等；④非结构化数据，如事件报告中包含的图像、音频、视频或文字、证人供词、犯罪嫌疑人审讯记录、线索信息、呼叫服务、电子邮件和聊天记录，等等。

第二，预测分析。通过统计犯罪相关数据并进行数据建模分析，执法机构可以预测目标事件发生的可能性。其内容主要包括犯罪风险增加的地点和时间、将来有犯罪风险的个人、已知犯罪案件最有可能的犯罪嫌疑人、可能的犯罪受害群体或在某些情况下最容易成为犯罪受害人的个人等。

第三，警方干预。由于犯罪预测是针对犯罪的可能性及概率做出的一种预测，现实中的警方不能像电影中描述的那样，仅仅是基于可能性就把嫌疑人抓捕、监禁起来。所以，警方的干预也必须在法律允许的范围内进行。通常来说，警方基于犯罪预测的干预方式有三种。①一般干预，主要是指分配更多的治安资源响应可能增加的风险，如向犯罪案件发生的热点区域投放更多的警力，增加巡逻频率等；②特定犯罪干预，主要是指针对特定的犯罪类型而采取的干预措施，如针对飞车抢劫的高发区域，根据犯罪嫌疑人的活动特点，有针对性的布置警车巡逻和交通管控的重点，震慑潜在的犯罪者；③特定问题干预，主要是针对识别出的产生犯罪风险的特定位置、人群或个体等，采取的干预措施。

第四，形势响应。一旦警方发起干预行动，一些犯罪嫌疑人可能被逮捕或躲避起来，可能选择停止犯罪，或改变他们实施犯罪的地点或改变实施犯罪的方法，以应对警方的干预行动。在这种情况下，犯罪预测系统必须根据潜在犯罪者既往活动规律，对其可能的动向进行预判，从而为警方调整治安资源的部署提供参考意见。

随着预防犯罪系统和治安监控管理系统的普遍应用，"天下无贼"已经不再是一个梦想。但是，我们也应该认识到，任何先进的技术都是为法治社会服务的，依法治国的法治精神才是从根本上维护社会秩序、消除犯罪行为的根本所在。

第18章

《费城实验》: 量子传送，使命必达！

【影片信息】

电影名称：费城实验；

英文原名：*The Philadelphia Experiment*；

出品年份：1984年；

语言：英语；

片长：110分钟；

导演：斯图尔特·罗菲尔；

主演：迈克尔·派瑞、南茜·艾伦。

1943年10月，美国海军为了验证一种新的雷达隐身技术，在弗吉尼亚州诺福克的费城海军造船厂进行了一项秘密实验，这就是后来被广为流传的"费城实验"。大卫和吉米所在的编号D-173驱逐舰被选中参加了这次实验。

　　实验开始时，一切正常，但很快在一团电子云雾的笼罩下，驱逐舰竟然消失不见了。这让在岸边观看实验的科学家詹姆斯博士十分惊讶。而军舰上，包括大卫和吉米在内的舰员却进入了一个前所未见的异空间。大卫和吉米冲去轮机舱，想要关闭电源，但没有成功，反而被甩出军舰。

　　当两人苏醒时，发现竟然身处在一个不知名的小镇上，一群奇怪的飞机（其实是直升机）向他们飞来，并发动了攻击。于是，两人赶紧仓皇而逃。

在逃跑了一段路程后，两人来到一个加油站。在这里，他们得知，自己现在身处内华达州的沙漠地带。此时，吉米的身体也出现了异常反应，能够不断放电。店主怀疑他们的身份，用枪把两人逼退到屋外。但大卫毕竟是训练有素的海军军人，趁店主不备，他抢走了店主的枪，并劫持了正好开车路过的金发女士艾莉森。在车上，艾莉森告诉他们现在是1984年，这让大卫和吉米更是震惊不已。

就在三人乘车一路逃亡的时候，此时已经年逾七旬的詹姆斯博士，正对着监视器上的画面发呆。原来这40多年来，詹姆斯博士一直在研究当年军舰消失的原因。为此，他说服军方，在40多年后的内华达州的沙漠中再次重复当年的实验，而这次实验竟然与1943年的实验发生了响应，创造出一个"虫洞式的时间隧道"。但如果不能把这个时间隧道及时关闭，整个地球都可能被它吸进去。

而大卫、吉米和艾莉森乘坐的汽车，在路上突然被一道闪电击中，发生了交通事故。三人被送进医院，而吉米却在病床上，于医生的面前神秘消失了。至于大卫，尽管他极力解释自己是来自1943年的美国海军士兵，但没人相信他的话。可就在此时，军人和警察都找到他，并要逮捕大卫。为了找出事情的真相，大卫在艾莉森的帮助下逃出医院。

艾莉森提议，让大卫回到他的家乡。两人意外遇到了已经步入老年的吉米，但此时的吉米却欲言又止，大卫最终一无所获。

大卫从追捕他们的警察那里得知詹姆斯博士的情况。于是，大卫带着艾莉森回到内华达州的军事基地，找到詹姆斯博士。博士告诉大卫，现在唯一能拯救世界的人只有他。他必须回到船上，摧毁船上的发电机，唯有如此，才能彻底关闭"虫洞"。反复权衡后，大卫接下这一任务。

穿上宇航服的大卫，乘坐特制的火箭回到船上，并摧毁了发电机。但他没有留在船上，而是与老朋友吉米告别后，在虫洞关闭前，毅然跳下了船。

随着滚滚惊雷的巨响，天空中的"虫洞"化于无形。被吸进"虫洞"的小镇重新回到地面。而在通往小镇的道路上，大卫正张开双臂迎接冲向他的艾莉森，两人紧紧拥抱在一起……

"费城实验"是一个流传甚广但未经证实的故事。这个故事有很多种版本，其中最广为人知的则是：1943年10月的一天，美国海军为了验证一项反雷达舰艇隐身技术，在费城进行了一次人工磁场实验。在实验过程中，研究人员启动脉冲发生器，使船只周围形成一个巨大的磁场。随后整条船被一团绿光笼罩着，船和船员竟从人们的视线中消失了。实验终止时，舰船已被移送到了479公里以外的诺福克码头。此后，一些船员身上仍留有实验的反应，不论在家里、在街上，在酒吧或在饭店里，都会突然地消失又重现，让旁观者惊讶不已。

对于"费城实验"的真实性，美国海军始终予以否认。但是，好莱坞的编剧却乐此不疲地屡次将这个故事搬上大银幕。如果从科学的角度加以分析，"费城实验"应该只是一个成功伪造的故事，事实上，曾有人试图按照"费城实验"中提到的步骤重现这个实验，但都没能成功。但编造这个故事之人的高明之处就在于，他把只会发生在微观世界的现象，放到了宏观世界中，对于缺乏科学常识的人来说，非常容易混淆视听。而要解释清楚这个问题，我们就要进入量子的微观世界。

在现代物理学中，量子（Quantum）是指能表现出某物质或物理量特性的最小单元，也是一个不可分割的基本个体。这个概念最早是由德国物理学家普朗克在1900年提出，后来被科学界广为接受，成为人类研究微观世界的基本概念之一。而对物质世界微观粒子运动规律研究的物理学分支，就是"量子力学"。

量子力学所揭示的微观世界与我们所熟知的宏观世界有着巨大差异。其中，最让人惊奇的，当属"不确定性"和"测不准原理"。量子与我们所熟知的宏观物质不同，它不会在特定的时空范围内以一种可测量的确定方式存在。也就是说，量子在空间中的状态是随机性的，以概率的方式存在。而我们无法对量子的运动状态进行准确的测量，因为任何测量手段都会对量子本身的存在状态造成干扰，使量子由叠加态（不确定式）坍缩为一种本征态（确定式）。而对这种情况描述最为清晰的，就是前文曾提及的著名的思想实验"薛定谔的猫"。

量子世界中另一个著名的现象，就是"量子纠缠"。在量子力学理论中，当几个粒子在彼此相互作用后，由于各个粒子所拥有的特性已综合成为整体性质，无法单独描述各个粒子的性质，只能描述整体系统的性质，这个现象就被称为量子缠结或量子纠缠。

对于量子纠缠，爱因斯坦曾经提出一个著名的思想实验。假设制备一对属于量子力学中的"纠缠态"的粒子A和粒子B，都处于一半概率左旋、一半概率右旋的量子叠加状态，并且两者的旋转方向始终相反，但在用仪器测量之前并不知道某个时刻哪个粒子是左旋，哪个是右旋。再把粒子A和粒子B在空间上拉开很远的距离（比如，分处于宇宙的两端）后，测量粒子A，这时粒子B是不可能知道粒子A发生了变化因而发生相应变化的。爱因斯坦提出这个思想实验的目的是为了质疑当时还处在发展中的量子力学理论关于不确定性的内容。而作为当时量子力学理论研究的著名物理学家玻尔，通过计算证明在爱因斯坦的思想实验中，当人们对粒子A进行测量，粒子A会立刻由量子叠加态坍缩为确定态，表现出左旋或右旋状态的一种；而此时，距此很远的B粒子也会立刻坍缩成确定态。尽管两个粒子距离很远，但它们状态的改变是同时的。有人据此认为，可以利用"量子纠缠"原理实现超速通信。而且，随着为隐变量理论提供了实验验证方法的贝尔不等式一再被物理学实验所否定，量子力学的完备性已经被充分证实。

那么，现实中的量子通信又是怎么回事呢？

我们现在所说的"量子通信"有广义和狭义之分。广义的量子通信，指根据传输的信息是经典比特或量子比特，可分为量子保密通信或量子隐形传态。通常所说的量子通信，一般指狭义的量子通信技术，称为量子保密通信，即用于量子密钥分发。

这里所说的密钥，是现代通信领域的一个专业术语，可以理解为，打开加密信息流的一把钥匙。对于现代通信来说，信息加密是保证信息安全的基本手段，而把能够解密信息的密钥和加密信息分开进行传输，则可以在最大程度上保障信息安全。但是，现有的各种密钥，在理论上都是能够破解的，只是耗时长短的问题。于是，有人便想到利用量子纠缠原理，设计出一种无法被破解的密钥。

量子密钥分发是利用量子纠缠的特性去实现密钥安全分发的一种技术。目前，主要通过在光纤或自由空间利用光子的偏振或相位特性来实现，同时还需要传统互联网信道完成数据传输。具体来说，发送方或接收方，通过一定的手段（如激光器）制备出两个处于纠缠态的光子。将其中的一个通过光纤发送至另一方，然后双方对光子进行测量。根据量子纠缠特性，两个光子一个左旋，另一个必定右旋，这样双方就可以得到互补的二进制0和1。至于哪一方得到0、哪一方得到1，并不影响密钥分发，因为只需要双方的密钥对应即可。在这个过程中，并没有真正地实现一方将任意信息发送给另一方，但双方却得到了相互对应的密钥。而当密钥与通过传统互联网信道发送来的加密数据进行匹配后，就可以正常读取信息了。

量子密钥分发从理论上说具有可靠的安全性，这是由两方面决定的。首先，量子态是不可复制的，也就是前文所说的在粒子传输过程中，无法完美复制它的量子态。例如，粒子A和粒子B是两个纠缠态的粒子，粒子A可能左旋，也可能右旋，而粒子B和粒子A始终保持完全相反的状态，无法实现让粒子C的运动状态始终保持和粒子B一样，也就是不能完美复制。其次，则是量子力学中的另一大原理——"不确定性原理"，也就是指对量子态进行测量，很有可能改变其状态。基于这两个原理，在以粒子为载体的密钥传输过程中，第三方不能复制它的量子态，也不能对它进行测量。一旦进行测量，接收方收到的状态就会有很大变化，从而得知有第三方进行了测量（或试图窃取）。当然，在实际的量子密钥分发系统中，光源、信道节点和接收机的不理想特性使其难以满足理论协议模型的安全性证明要求，成为可能被窃取者利用的安全漏洞，所以针对量子密钥分发系统进行攻防测试和安全性升级将是其运营维护面临的一个问题。

在量子通信的理论研究和工程实践方面，中国已跻身世界前列。2016年，世界上第一条量子通信保密干线"京沪量子通信干线"建成。同年8月16日，我国成功发射了世界上首颗量子科学实验卫星"墨子号"，并于8月17日成功接收该卫星的首轨数据。这些成就的取得，与我国科学家和工程技术人员夜以继日地艰苦奋斗分不开。同时，也彰显了中国日益强盛的综合国力。

当然，狭义的量子通信还称不上是真正的量子通信。量子隐形传态才是真正能够改变人类生活方式的未来研究方向。所谓"量子隐形传态"，简而言之，就是把一个粒子A的量子态传输给远处的另一个粒子B，让粒子B变成粒子A最初的状态。在这个过程中，被传送的只是粒子的状态，而非粒子本身。1997年，奥地利的量子物理学家塞林格教授带领其团队首次实现了单个光子单自由度的量子隐形传态。2015年，塞林格教授的学

飞渡银河的匠人精神：科幻电影中的先进制造

生——中国量子卫星项目首席科学家潘建伟院士，带领研究组实现了单个光子双自由度的量子隐形传态，从而实现了单个光子在完整意义上的量子隐形传态。科学家预言，随着量子隐形传态与量子计算机技术的发展，我们有可能打造一个可跨越行星际的超级互联网。如此一来，即便身在火星，人们也可以及时接收地球的信息。

第19章

《头号玩家》: 虚拟现实的"绿洲"在哪里?

【影片信息】

电影名称: 头号玩家;

英文原名: *Ready Player One*;

出品年份: 2018年;

语言: 英语;

片长: 140分钟;

导演: 史蒂文·斯皮尔伯格;

主演: 泰伊·谢里丹、奥利维亚·库克、西蒙·佩吉。

2045年，人类社会屡遭劫难，导致社会发展停滞。在浩劫中幸存的人类，只能通过有限的资源苟且偷安。为了逃避现实中的不如意，绝大多数人选择进入虚拟现实游戏中寻求慰藉。而由电子游戏领域的"鬼才"詹姆斯·哈利迪打造的"绿洲"，则是其中最受欢迎也是聚集用户数量最多的一款虚拟现实游戏。

韦德·沃兹是一个生活在俄亥俄州哥伦布市的无业青年，平时寄住在自己的姐姐家，而他每天最主要的活动就是到附近废车场的"秘密基地"里，玩"绿洲"游戏。

在"绿洲"的世界中，韦德的游戏身份是"帕西法尔"，还是个知名用户。最近，帕西法尔正在与他在游戏中的伙伴一起挑战"绿洲"的创始人哈利迪发布的终极任务。原来，不久前，哈利迪因病去世。去世前，哈利迪向所有的"绿洲"用户宣布，他将发布一项终极任务——只要有人能够在游戏中找到三把"钥匙"，就能成为他的继承人，获得对整个"绿洲"的控制权，并获得他在游戏公司中的股份。一时间，几乎所有用户都加入到对"钥匙"的搜索之中。其中，还包括哈利迪的主要商业竞争对手IOI公司，他们雇用了大量人员充当"水军"用户，希望以此获得哈利迪公司的控制权。

这天，帕西法尔如同往常一样挑战第一关的赛车游戏。在游戏赛车出发前，他偶然间遇到骑着红色摩托车的女性用户阿尔忒密斯。两人寒暄了几句后，便一起投入赛车游戏之中。不过，由于赛道上的大猩猩"金刚"太过生猛，所有用户都倒在了终点线前。阿尔忒密斯的摩托车也严重损坏，帕西法尔提议，可以去他朋友艾奇在游戏中的工作室修理。

在艾奇的工作室里，大家讨论了如何闯关的问题，最后决定，去游戏中的哈利迪博物馆寻找答案。依靠从博物馆中找到的线索，帕西法尔终于找到了闯关的正确方法。最终，成功地从法师（哈利迪在游戏中的虚拟角色）手中接过第一把"钥匙"。随后，包括阿尔忒密斯在内一众好友都顺利通过第一关。这个消息在"绿洲"中迅速扩散，帕西法尔成为"绿洲"游戏中的话题人物。

为了获得下一关线索，众人又来到哈利迪博物馆。帕西法尔从馆长的手中得到一枚金币。离开时，同行的阿尔忒密斯约他到一家名为"烦恼星球"的虚拟酒吧。在酒吧中，帕西法尔无意中说出自己的真名，而潜伏在游戏中的IOI公司的"水军"用户立即对他们展开攻击。在现实中，韦德姐姐的家也遭到了炸弹袭击，而韦德本人被一群陌生人劫持。

当韦德苏醒过来的时候，他见到了阿尔忒密斯的真身，一个名叫萨曼莎·库克的女孩，自称是"反抗军"成员，这是为了对抗IOI公司试图控制"绿洲"而成立的组织。萨曼莎的父亲因为欠债，不得不为IOI公司充当契约工，最后因过劳而死。在对话中，两人突然找到了破解第二关的线索，终于得到了第二把"钥匙"。

IOI公司为了得到"绿洲"的控制权，在现实中派出杀手，追杀韦德等人；在游戏中，IOI公司发动了一件世界级道具，把最后一关的所在地封印起来。

在关键时刻，帕西法尔（韦德）向全体"绿洲用户"宣告了IOI公司的阴谋。在他的号召下，全体用户向IOI公司发起团战，并掩护帕西法尔闯入最终关卡。最终，帕西法尔利用从博物馆馆长那里获得的金币"续命"，破解了哈利迪留下的游戏终极任务，集齐了三把"钥匙"，不仅获得了哈利迪留下的财富，还成为哈利迪游戏精神的继承人。

早在1935年，美国科幻作家斯坦利·温鲍姆就在其小说《皮格马利翁的眼镜》中描写了一种神奇的目镜，只要戴上它，就能看到、听到、尝到、闻到，甚至触摸到电影里的东西。原本只出现在电影屏幕里的物体，现在却环绕在目镜使用者的周围，让他

完全融入情境中。这可以说是人们对于虚拟现实技术体验的最早想象了。

　　到了20世纪50年代，美国人莫顿·海林发明了一种名为"传感影院"的设备。这是一种单人观影设备，由震动座椅、立体音响、大型显示器等部分组成，能够实现三维显示及立体声效果，还能配合画面内容产生座椅晃动等特效体验，甚至还能根据画面内容激发出气味效果。这在当时来说，是极为前卫的设计，不过因为当时的电子技术尚不成熟，能够供应传感影院设备的影片极少，用户很快就厌倦了这种设备，转向了互动性更好的大型电子游戏机。

　　1968年，美国"计算机图形学之父"和"虚拟现实之父"伊凡·苏泽兰研发了世界上第一台由计算机图形驱动的头戴式显示设备和头部位置追踪系统——这也就是现在我们常见的"VR头盔"的原型。但因为设备体积沉重，需借助挂钩支撑，所以并不实用。更为重要的是，通过实际佩戴，研究团队发现了"VR头盔"存在的顽疾，也就是佩戴者会产生晕动症。造成这种现象的根本原因是由于人耳内的前庭系统所感受到的运动状态和头盔的内置屏幕显示的画面给视觉系统的信息不一致，从而让大脑的感知系统出现了暂时的不协调感。而在当时的技术条件下，这是无法克服的难题。不过，这一设备的研制还是相当具有意义的。通过这个项目，开发或验证了立体显示、虚拟画面生成、头部位置跟踪、虚拟环境互动、模型生成等"VR头盔"的关键技术，为虚拟现实技术的未来发展奠定了基础。

此后，虚拟现实技术的研究开始转向军用领域。到20世纪80年代，虚拟战场环境呈现和在虚拟环境中进行军事训练，都已在美军中获得广泛应用。其中一些设备在后来的很多好莱坞电影中都有呈现。

1987年，美国人杰伦·拉尼尔开发出第一套能够用于商业领域的VR设备，但每套高达10万美元的售价让很多人望而却步。其实，高昂的售价只是表面原因，根本原因在于，人们对这一技术还了解不足。

当时，日本一家著名的家用电子游戏生产商认定虚拟现实技术是未来电子游戏的发展方向，并决定将其作为下一代家用游戏机的核心技术。然而，随着项目不断推进，以虚拟现实为主要卖点的新型家用游戏机，却遭遇了严重的技术瓶颈。由于采用了尚未经过大规模生产实践的实验室技术，头盔式液晶显示器在振动时会发生严重的图像偏移，而这种偏移会令游戏用户产生强烈的眩晕感。更为重要的是，由于头盔式液晶显示器的技术不成熟，良品率较低，急剧推高了新型游戏机的单机售价。最终，该公司不得不放弃头盔式液晶显示器的设计。

直到2010年11月，一个名叫帕尔默·勒奇的美国青年在网络论坛上发帖，宣称自己制造出一款戴起来不会有眩晕感的"VR头盔"，并把这款设备命名为"裂谷"。起初，大家都以为他在吹牛，但有一个人不这么想，他就是被誉为"3D游戏教父"的著名电子游戏设计师约翰·卡马克。他找到帕尔默·勒奇，在试用了他的设备后，约翰·卡马克断定这很有可能是一项开启新时代的

关键技术。为此，约翰·卡马克利用自己的关系，帮助帕尔默·勒奇和他的"裂谷"找到了商业投资人，并经过一系列改进后，成功推向市场。

在"裂谷"以前，所有的"VR头盔"之所以让佩戴者有眩晕感，最重要的原因就是屏幕的刷新速度太慢，而"裂谷"采用了业内最先进的屏幕，一次图像刷新不到1毫秒，真正达到了能够欺骗人类视觉系统的水平。而帕尔默·勒奇还找到了一种迅速固定像素的方法，让用户在快速转动头部时不会出现图像的残影与晃动的情况。

与固定在某处的静态显示器不同，"VR头盔"是佩戴在用户头上的，要使用户获得真实的临场感，必须令画面图像与佩戴者的头部运动保持一致。为此，裂谷使用了陀螺仪、加速计、磁力计等设备，通过对设备数据的综合分析处理，对佩戴者的动作进行预判，并以此为基础对图像进行预渲染处理，将延迟降低到几乎无法察觉的程度。

要实现真正的虚拟现实，全景视野是必不可少的要素。以往要实现这个功能必须借助昂贵且厚重的专业成像镜头，而"裂谷"只用了普通的放大镜就把这个难题解决了。当然，使用普通的放大镜会带来图像扭曲的问题，这就需要预先通过软件对画面进行预处理，对其边缘进行"扭曲"，这样再通过放大镜看，画面就是正常形态了。

"裂谷"的成功，让众多公司纷纷投入到这个崭新的电子设备领域。短短几年间, 各种VR设备已经上市, 但VR技术的发展却远不止于此。要真正让人们实现全感官、沉浸式的VR体验, 还要依靠基于脑机接口的新一代VR技术。到那时, 也许在人们的眼中, 现实与虚拟的界限将变得越来越模糊, 人们的生存方式, 以及对于"人"的定义都将会发生深刻的变化。

对于这一切可能发生的巨变, 我们真的准备好了吗?

第20章

《特种部队：眼镜蛇的崛起》：杀敌于无形的纳米机器人

【影片信息】

电影名称：特种部队：眼镜蛇的崛起；

英文原名：*G.I. Joe：The Rise of Cobra*；

出品年份：2009年；

语言：英语；

片长：118分钟；

导演：斯蒂芬·索莫斯；

主演：阿德沃尔·阿吉纽依–艾格拜吉、克里斯托弗·埃克莱斯顿、约瑟夫·高登–莱维特。

　　世界最大的军工联合体"军事武器研究系统（Military Armaments Research System，简称MARS）"，研制出一种惊人的武器系统——"纳米虫弹头"。从外观上看，纳米虫弹头与普通的肩扛式火箭弹非常相似，但纳米虫弹头中盛放的是数以万计的纳米机器人。这些原本为消灭癌细胞而设计的超微型机器人经过MARS的重新设计，具备了吞噬金属的能力，可以在瞬间将敌方的坦克装甲车"吃"的片甲不留，甚至可以毁灭一座城市。而能阻止它们的唯一办法就是使用特定的遥控器，解除攻击指令。

　　如此强大的武器，在一次押运过程中，杜克上尉和他的护送分队遭到了不明武装分子的袭击。幸而，他们得到了一支名为"G.I. JOE"的国际特种部队的支援，才避免全军覆灭的结果出现，但纳米虫弹头却落入对手手中。为了给死去的队员报仇，杜克加入了这支国际特种部队。

得知劫走纳米虫弹头的恐怖组织即将袭击巴黎后，G.I. JOE 派出包括杜克在内的小分队前去阻止这一计划。但他们没有想到的是，这伙恐怖组织的装备同他们的一样先进，而这个组织的幕后领导者，竟然就是MARS的现任总裁詹姆斯。

詹姆斯所在的家族历代都以军火生意致富，而且从不在乎道德信义，谁出的价钱高，就把武器卖给谁。这次袭击巴黎的计划，就是要向潜在的买家展示纳米虫弹头的强大威力。结果，G.I.JOE的任务失败，法国政府也把他们作为不受欢迎的人，驱逐出境，杜克则被恐怖分子俘虏。

在恐怖分子设在北极冰盖下秘密基地中，杜克看到了难以置信的一幕。原来，一直在为MARS研究纳米虫的神秘科学家，竟然是他曾经的未婚妻安娜的弟弟雷克斯。当年，雷克斯作为军方科学家，随杜克一起突袭一处恐怖分子的秘密营地，并在一个已经被击毙的科学家的实验室中找到了纳米虫的有关资料。为了获得这些资料，雷克斯没能及时撤离，被军方的导弹误伤，导致终身残疾。而詹姆斯获知这个情况后，将雷克斯秘密转移到自己的研究中心，并对外制造了雷克斯已经身亡的假象。这也让相信雷克斯已身亡的杜克一直陷于自责之中。

与此同时，G.I.JOE的其他成员也找到秘密基地的位置，并展开攻击。此时，詹姆斯正要用弹道导弹向世界上的一些重要城市发射纳米虫弹头。如果这些纳米虫把城市建筑物内的钢铁结构全部吃掉，那将引发巨大灾难。千钧一发之际，G.I.JOE的队员冲入

第20章 《特种部队：眼镜蛇的崛起》：杀敌于无形的纳米机器人

恐怖分子基地，将其摧毁。但在此之前，垂死挣扎的詹姆斯已经把导弹发射出去。为了拯救城市，G.I.JOE的队员不得不采用自杀战术，提前引爆弹头，让纳米虫附着到自己的飞行器上，并在飞行器解体前，努力飞向外太空，利用大气摩擦生热，烧死了所有的纳米虫。

与此同时，在即将解体的恐怖分子基地，最后的决战已经打响。詹姆斯和雷克斯两人拼命逃入一艘潜水艇。而杜克则乘上另一艘小型潜艇紧追不舍。气急败坏的雷克斯下令炸掉基地上方的冰盖，企图把所有人深埋于海中。杜克识破雷克斯的阴谋，通知其他队友撤退，自己则不顾危险，紧追雷克斯所乘坐的潜艇。最终，詹姆斯和雷克斯等人束手就擒，正义的英雄又一次拯救了世界。

电影《特种部队：眼镜蛇的崛起》的科幻主题围绕纳米技术展开。影片中的"纳米虫"是一种大小为纳米级的微小机器人。它拥有极强的再生能力和吞噬金属的能力，是MARS利用军方资金研发的高科技武器，可以在转瞬之间把任何金属制品吞噬干净，直到接到停止命令为止。此外，还有一种可以植入人体的纳米虫。它被用来控制人体的各种器官和组织，增强人体机能，甚至能把正常人变成不畏生死、没有痛感的杀人机器。

在现实世界中，类似电影中描述的纳米技术已经不仅是科学幻想。纳米技术，是指用单个原子、分子制造物质的科学技术。依靠这种技术制造出的设备，其尺寸在1～100纳米（1纳米=10^{-9}米）范围内，依靠普通的显微镜都很难看清楚。

制造纳米机器人的灵感，来自于人们对细菌和病毒的研究。如此微小的物体竟然具有完整的功能结构，甚至拥有生命属性。那么，人们能不能制造出与之相似，甚至是更加微小的、具有完整功能结构的器具来改造微观世界呢？从20世纪80年代开始，有关纳米技术，乃至纳米机器人的研制就被提上日程。

1981年，科学家格尔德·宾宁和海因里希·罗雷尔在国际商务机器公司位于瑞士苏黎世的实验室，制造出世界上首台扫描隧道显微镜。随后，格尔德·宾宁等人又在该设备的基础上研制出原子力显微镜。从此，人类便能够观察单个原子在物质表面的排列状态，以及与表面电子行为有关的物理、化学性质，还可以在低温条件下利用探针精确操控原子，从而使在纳米级别上进行工程操作成为可能。自此，人类开始进入纳米时代，纳米机器人的概念也应运而生。所谓纳米机器人，是根据分子水平的生物学原理为设计原型，设计制造可对纳米空间进行操作的"功能分子器件"。也就是说，这是一些人工制造的能够在纳米级别的空间环境中，实现某些特定功能的器件，与我们通常意义上理解的"机器人"还是有一定差距的。

目前，在国际范围内，纳米机器人已经过两代的研究。第一代纳米机器人属于生物机械简单结合系统，典型的构造方式是用碳纳米管作结构件、分子马达作为动力组件、DNA关节作为连接件组成。这种纳米机器人构造相对比较简单，但实用性比较差，大多只是作为技术验证品存在。第二代纳米机器人，主要是由原子或分子装配的具有特定功能的分子器件，如直接用原子、DNA片断或蛋白质分子装配成生物纳米机器人。较之前代产品，第二代纳米机器人更能适应纳米级空间的使用环境，是纳米技术发展的主要方向。而作为一项前沿技术，纳米机器人的主要应用领域还是在医疗和军事领域。

在医疗领域，科学家已经研制出一种可在血管中自由游动的"纳米虫"，其主要作用是清除人体内的肿瘤细胞。科学家将球形纳米级氧化铁颗粒连接在一起，形成一个长约30纳米、"蠕虫"形状的"纳米虫"。利用"纳米虫"，医生不仅可以寻找到已经成形的肿瘤，甚至可以定位正在形成的肿瘤。由于没有成形的肿瘤很微小，传统的方法很难检测，而"纳米虫"中的氧化铁成分有超顺磁性，它能在核磁共振成像仪中发亮，多个氧化铁分子联合在一起，就能够提供更强的磁性使信号更明亮，从而帮助医生更精确地诊断肿瘤的发生、发展。

除此之外，利用纳米机器人进行细胞和基因修复也被认为是一个极具前景的医疗领域。例如，利用人工制造的"细胞修复机"在纳米计算机的操纵下，在原子级别对错误或有害的DNA进行修复，以此治疗由基因缺陷引起的遗传性疾病。

另外，纳米机器人还可以承担养护血管的作用。血管是人体内输送营养、排泄废物等进行新陈代谢的重要管道。然而，由于人体的自然衰老、疾病和外界污染等原因，血管中会产生病变，如血栓。一旦血栓出现在重要部位，就会对人体造成严重后果，甚至死亡。当今的医学技术只能在血栓发展到一定阶段才能进行干预，但对于已经产生病变的血管，以及由此造成的整个身体的系统性影响则无能为力。而纳米机器人的出现，则有望从源头上解决这一问题。纳米机器人则可以高效地在人体血管内部排查各种问题和隐患，并及时修复，从而使人类免受各种由血管问题引发的疾病。也有人提出，可以进一步让纳米机器人长期存在于人体内，帮助人类排除体内垃圾，保持人体健康，成为人体的第二免疫系统。但这还需进一步地技术和风险评估的完善，才有可能实现。

纳米机器人另一个重要的应用领域则是在军事领域。当然，电影中那种近乎"神器"的"纳米虫弹头"并不存在。现阶段，

纳米技术在军事上主要应用于材料领域。通过相关技术的广泛应用，产生了大量具有特殊属性的新型复合材料，广泛应用于歼击机、航天器等需要在极端环境中使用的设备。以军事作战为例，未来军事作战有可能利用大量的纳米机器人对敌方重要设施或关键节点进行打击，从内部对敌方情报指挥控制系统进行精确打击。同时，由于纳米机器人无法用肉眼察觉，敌人即便发现有人破坏，也难以找到导致问题的原因。

纳米技术和纳米机器人的发展，将人类带入前所未有的微观领域，为人类健康事业和社会发展带来革命性的变化。但需要指出的是，纳米技术的发展和应用也存在着相应的伦理风险，应当谨慎利用，避免给人类造成难以想象的巨大损失。

第21章

《新世纪福音战士：Air/真心为你》:
当凡人获得"神力"

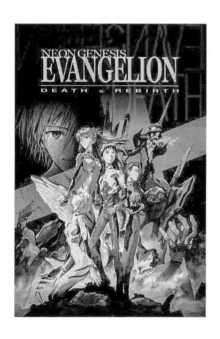

【影片信息】

电影名称：新世纪福音战士：Air/真心为你；

日文原名：新世紀エヴァンゲリオン劇場版Air/まごころを、君に；

出品年份：1997年；

语言：日语；

片长：87分钟；

导演：庵野秀明、鹤卷和哉；

配音主演：绪方惠美、林原惠美、三石琴乃。

2000年9月13日，在南极大陆，发生了一起不明原因的巨大灾难，而在此之前没有任何征兆。这场浩劫造成海平面剧烈上升、地轴扭曲、地磁场不规则扰动；不明来历的灰尘遮盖天空，造成全球性气温下降；由此导致的经济崩溃、民族纷争、战争等结果使世界人口急速减少，减少了约一半的数量。南极成了宁静的死寂地域，这是人类自"诺亚方舟时代"之后，经历的最大浩劫，史称"第二次冲击"。然而，人类终究是智慧生命，重建工作在短暂的混乱之后，逐步展开。

2015年，同样在毫无征兆的情况下，名为"使徒"的巨大不明生物体开始进攻在"第二次冲击"后建成的日本新首都——第三新东京市。面对"使徒"的攻击，联合国军的抵抗显得软弱无力，任何人类已有的动能武器都无法阻挡它的前进。即便是威力数十倍于原子弹的N2炸弹，也仅仅能够起到短时间的阻滞而已。

直到一名叫碇真嗣的14岁少年登上一架名为EVA（Evangelion的缩写，又称"通用人型作战兵器"）初号机的超级生物机甲，与"使徒"展开激战，人类才勉强取得了胜利。此后，碇真嗣和另外两位少女绫波丽和明日香，分别驾驶各自专属的EVA，与不断来袭的"使徒"作战。

在与"使徒"作战的过程中，这三位未成年的EVA驾驶员也受到了严重的身心创伤。即便如此，原本脆弱、内向的碇真嗣还是拖着几近崩溃的内心，坚持到击败最后一名"使徒"为止。但是，迎接他和两位战友的不是胜利的喜悦，而是更加残酷到近乎滑稽的现实……

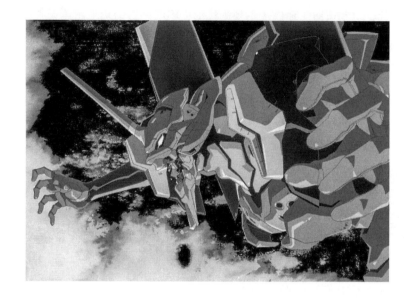

　　这部电影被誉为"机甲科幻"的巅峰之作，很大程度上是因为，在这部作品中出现了机械与有机体相结合的超级机甲——EVA。而它的操作方式，也由传统的与飞机、坦克的操控类似的"摇杆-踏板"操作变为神经元与机体交联的"意念"操纵。自此之后，意念操控几乎成了所有强大机甲的标配。

　　事实上，用意念来控制机器设备，对于今天的人们来说，并不是了不起的"黑科技"。我们人类之所以能够轻松自如地控制自己的肢体，从事各种活动，是因为人类有一套发达的神经网络。当我们要做一个动作的时候，大脑就会向神经系统发送一个信号，这个信号经过复杂的传输和解码过程，就能驱动肌肉、韧带等身体组织，完成相应的动作。从理论上说，只要能够正确解读大脑发出的信号，人类也能像操控肢体一样，操纵各种外部设备。而脑机接口技术正是实现这个目标的关键。

简单地说，脑机接口就是通过检测大脑的脑电波活动来获得运动意图，然后将其转化成运动指令以控制外部设备。这种技术是在人类对于脑科学、神经科学深入研究的基础上，充分利用微电子技术和计算机技术的最新成果发展出的一种前沿科技理论。

通常所说的脑机接口系统由三部分组成，神经信号记录系统、神经信号解析系统和人工感觉反馈系统。

神经信号记录系统的作用是通过感应设备搜集和记录运动过程中大脑通过神经元发出的信号。目前，脑机接口在神经信号记录方面，主要采用非植入式和植入式两种设备。非植入式设备就是把神经信号记录系统安置在体外，主要搜集和记录脑电波信号。以这种方式为基础运行的脑机接口具有无须手术、无感染风险、成本低、维护性好等特点，但由于信号信息量有限、空间分辨率不足，在控制其实时性和复杂度方面存在困难。简而言之，在现有的技术条件下，非植入式神经信号记录系统使得脑机接口的效能受到局限，无法对完整、复杂的动作进行操作与控制。与之相对应的就是基于植入式神经信号记录系统的脑机接口，这种设备可以深入到大脑皮层，记录神经元发出的信号，具有信号分辨率高、信息量大，能够实现对复杂任务的实时、精确控制。所以，基于植入式神经信号记录系统的脑机接口是目前脑机接口研究的重要方向。但早期的植入式神经信号记录系统有一个显著的缺点，就是植入体内的部分必须用导线与体外设备相连，这样不仅限制了使用者的行动自由，而且增加了感染风险。因而，未来有必要发展完全植入式神经信号记录和无线信号传输系统。目前，主要的技术难点之一是如何给这种完全植入式系统充电。用现在流行的微波无线充电技术有可能造成使用者出现比较强烈的身体不适反应，所以有必要开发生物能充电技术，让完全植入式神经信号记录系统像人体器官一样，直接从人体内获得能量。

随着纳米技术的发展，这将成为可能。除此之外，植入式神经信号记录系统还面临一个所谓"钝化"的问题，也就是当设备长期放置于人体内，人体内的各种化学物质和生理机制会对设备元件产生侵蚀作用，经过一段时间，神经信号记录系统的灵敏度就会显著下降。因此，必须从材料学、生物化学、人体工程学、纳米技术等方面考虑，改进制造工艺，增加生物体内部环境的适应性，使脑机接口技术进一步走向实用化。

在收到神经信号后，需要把信号传递给由计算机构成的信号解析系统进行神经信号解码。这其中包含两个信号来源：一个是运动过程中采集到的神经电信号；另一个是外界的运动参数，包括与力无关的运动轨迹、速度、加速度等运动学参数，以及与力相关的握力、肌电信号等动力学参数。这两种信号进入到解析系统后，通过相应的算法，转变为控制信号，传递给相应的功能设备，如机械手等。在信号解析过程中，最关键的技术是优化反应速度，也就是让使用者能像操控自己的手脚一样尽可能无延迟的操控外部设备，以及提高动作精度。而要实现这两点，就必须优化算法。近年来，随着人工智能技术水平的不断提高，优化算法的工作已经开始由人工智能设备去完成，这对于脑机接口技术的改进优化，也许是一大福音。

当大脑通过脑机接口控制设备完成一个动作后，并不意味着一个完整意义上的"动作结束"。因为我们每个人在运用自己的肢体完成一个动作后，神经系统还会给大脑一个反馈信号，从而成为我们决定下一个动作如何做出的依据。因此，对于脑机接口来说，人工感觉反馈系统也是非常重要的。

在现实中，真实生物体，尤其是像人类这样的高级哺乳动物，在与外界环境交互过程中，主要通过视、听、触觉等感觉通路来实时反馈外界信息。由于视觉反馈比较直观、容易实现，传统的脑机接口主要是利用实验对象自身的视觉反馈来实现实时控制和校正。此外，触觉也是一种非常重要的反馈方式，如物体的质量、纹理、温度等信息，就需要依靠触觉的反馈才能获取，更为重要的是，像使用机械手臂或使用机械肢体行走的应用场景中，如果没有相应的触觉反馈，使用者很难获得实在感，无法有效而自如地使用这些机械肢体。当然，相对于视觉的直观性，触觉反馈的实现就要复杂得多，目前的人工感觉反馈系统主要通过微电流刺激实现，但效果不甚理想。而要实现理想的触觉反馈，还有赖于对大脑内触觉反应机制的深入研究。有可能实现的办法就是，在操控机制上引入智能辅助系统，并通过大量的练习，让使用者习惯在触觉反应较低的水平下，自由操作设备。当然，这也是基于人类大脑固有的感觉补偿机制来实现的。

　　当今，脑机接口的应用可协助那些有肢体残疾的病患或高龄失能的老人恢复身体机能，但不排除在未来，脑机接口与人工智能技术相结合的可能，从而让人类获得身体机能的增加，甚至能够像电影中那样驾驶机甲的能力。不过，或许当人类有能力创造出像EVA那样的超级机甲时，它可能不再需要有人进行操作，而可通过自主意识完成各种任务！

第22章

《回到未来》：时间机器制造指南

【影片信息】

电影名称：回到未来；

英文原名：*Back To The Future*；

出品年份：1985年；

语言：英语；

片长：115分钟；

导演：罗伯特·泽米吉斯；

主演：迈克尔·J·福克斯、克里斯托弗·洛伊德。

马丁是一名普通的高中生，擅长玩滑板，也爱弹吉他，可他的音乐才华却并不被人赏识，只有他的朋友支持他。而他的爸爸乔是个性格软弱的人，母亲则是个酗酒者，他与哥哥、姐姐一起过着平淡的家庭生活。

马丁有个忘年交——布朗博士，一个性格古怪的发明家。一天，布朗博士找到马丁，告诉他自己发明了世界上第一台时间机器。这台时间机器是用钚元素作为反应原料产生巨大的电能来驱动一辆汽车，只要汽车时速达到88千米/小时就可以穿越时空。然而，布朗博士用来制造时间机器的钚元素居然是从恐怖分子那里骗来的。因此，恐怖分子前来报复，枪杀了布朗博士。为了拯救布朗博士，马丁情急之下发动时间机器，但因为设定错误，竟然穿越回30年前，时间机器也因为电力耗尽而停止工作。

为了回到"未来"，马丁决定去找30年前的布朗博士。他来到一家咖啡馆，从电话簿上找到了博士的电话和地址。谁知，此时他竟然遇见了30年前的父亲。此时，马丁的父亲常被人欺负，而一位叫毕夫的壮汉专门以欺负马丁父亲为乐。马丁的父亲不堪其扰，独自骑车离开咖啡馆。马丁想追上去，但阴错阳差地由本来应该是被外公用车撞倒的父亲，换成了马丁被撞。而马丁也代替父亲，被他的外公带回家，交给马丁未来的母亲照顾。而马丁的母亲居然对他一见钟情。眼见事情不妙，马丁赶紧逃离外公家，前去寻找布朗博士。

　　经过一番解释，30年前的布朗博士终于相信马丁是"时间旅行者"的事实。但是，在这个年代，核反应堆还没有被制造出来，根本找不到钚元素。而马丁发现自己随身携带的全家合照中，自己的哥哥和姐姐的图像竟然变模糊了。这是因为，马丁的出现已经干扰到历史进程，他的父母很可能不会相爱并结婚，他自己也将不复存在。

　　为了让历史回归正轨，马丁找到30年前的父亲，说服他同自己在学校舞会上演一出英雄救美的"双簧"。结果，双簧只演到一半就出现差错——毕夫的手下把马丁关了起来。而毕夫则把马丁的母亲带到车里，意图行凶。马丁的父亲看到这一切，以为还是在演戏，可当他打开车门看到的竟然是他平时最恐惧的毕夫，而陷入了两难境地。最终，出于对马丁母亲的爱，战胜了对毕夫的恐惧，马丁父亲拼尽全力把毕夫拖出车外，痛打一顿，把假戏演变成真情。恰在此时，马丁也得以脱身，代替受伤的乐手，演奏了一曲当时人们闻所未闻的摇滚乐，让父母在舞池中一吻定情。

就在一切回归正轨后，布朗博士冲过来告诉马丁，今晚将有一次能量巨大的闪电袭击小镇的钟楼，可以用这股电能启动时间机器。机不可失，马丁和博士赶紧做好准备。临行前，马丁留下一封信，提醒博士小心。随后，时间机器启动，马丁回到了"未来"。因为马丁的提醒，布朗博士穿上防弹衣，在恐怖分子的袭击中幸免于难。而马丁的父亲因为自信心的提升变成一位知名小说家，而他的母亲也不再酗酒，马丁重新拥有了一个幸福美满的家庭。

不知从什么时候开始，穿越题材的科幻作品大行其道。比如，影视作品中，某人一觉醒来发现自己回到古代……这类故事其实与时间旅行无关，大多是受到角色扮演类游戏的影响而产生的文化现象。而真正想要制造出能够自由穿梭时空的时间机器还要依靠科学的进步。

　　最早提出制造一种能够在时间中自由穿行的机器这一构想的人，是与法国作家儒勒·凡尔纳并列为"科幻小说之父"的英国小说家赫伯特·乔治·威尔斯。他于1895年发表科幻小说《时间机器》，在这部小说中，作者基于当时流行的绝对时空观，认为在人们生活的这个由长、宽、高三个空间维度构成的三维空间中，还存在一个"第四维度"，也就是时间。既然人们能够在前三个维度上自由运动，那么理论上也应该可以制造出能够帮助人类在第四维度运动的机器，也就是"时间机器（Time Machine）"。尽管在小说中，时间机器只是作者用来展现其心中未来世界的一件道具，但从此以后，时间机器和时间旅行逐渐成为一个严肃

的科学话题，为世人所讨论。

到了20世纪初，一个在瑞士伯尔尼专利局工作的职员阿尔伯特·爱因斯坦，提出一套在当时看来可谓惊世骇俗的理论——"相对论"。其中涉及有关时间的问题，爱因斯坦并没有纠结于"时间的本质是什么"这样的哲学问题，而是认为应该先把时间测量的方法定义出来，那么测量出来的值就是时间的数学意义。

爱因斯坦认为，任何有精确周期性运动的物质都可以用来测量时间，只是测量精度不同而已。然而，由于相对论中很重要的一个假设——后来也被众多科学实验所证实，那就是在真空中，光速是不变的。在这个前提下，假设两台精度相同的计时器，一台留在地球，一台装在飞行速度接近光速的飞船上。当飞船飞离地球一段时间后，地球上的计时器记录下来的时间，要比飞船上的计时器记录下来的时间长得多，也就是说，飞船上的时间，要比地球上慢得多。这样一来，如果飞船是绕着地球飞行的话，理论上这艘飞船就会成为一台前往未来的"时间机器"。

事实上，从相对论的普遍适用性的角度来看，人或物体运动速度加快，意味着时间对他来说就会变慢，只不过在人们日常生活中，这种变慢的幅度极其有限，完全可以忽略不计。而如果人或物体的运动速度趋近于光速，时间对这个人或物体来说就会趋近于停滞。理论上，如果运动的速度超过光速，时间就会倒转，人就能够回到过去。但相对论同时也表明，光速是宇宙中的最大速度值，人类或许能够通过技术手段无限接近于光速，但超过光速是无法实现的。

那回到过去的时间机器就无法被制造出来了吗？这也不一定。同样在爱因斯坦的相对论中，他把引力现象解释为由于巨大物体的质量而造成的时空弯曲。如果一个天体的质量足够大，就连光都能被它吸进去，而无法逃逸出来，这就是所谓的"黑洞"。根据爱因斯坦提出的与黑洞有关的方程组，能够计算出不同的解，这似乎意味着有不同类型的黑洞存在。

1935年，爱因斯坦和他的助手罗森一起计算出一个有趣的解。这个解代表了一种特殊类型的黑洞，其结构就像是个沙漏，本质上则相当于一个黑洞和一个白洞（一种发射物质和能量而不吸收的特殊宇宙天体，性质与黑洞正好相反）的"漏斗喉部"对接起来。这个结构后来被称为"爱因斯坦—罗森桥"。理论上认为，如果能够穿过这座"桥"，就能从一个时空点穿越到另一个时空点。但是，随着科学家对这种特殊黑洞的研究，发现一个令人沮丧的事实，这个"漏斗喉部"应该是封死的，任何物质、能量等都无法从中穿过。到了1988年，物理学家基普·索恩和他的学生莫里斯指出，"爱因斯坦—罗森桥"的"喉部"是有可能被撑开的，这种处于被撑开的状态的"爱因斯坦—罗森桥"也就是所谓的"虫洞"。目前，"虫洞"依然仅存在于理论中，是否能依此进行时间旅行还是未知数。

不过，对于时间旅行的真正挑战不仅在于超越光速或寻找虫洞，还在于违反因果律。其中，最著名的就是"外祖父悖论"——时间旅行者回到过去, 在自己母亲出生前就杀害了自己的外祖父, 那时间旅行者本人就不应该存在于世。对此, 一般有两种构想来解释这一问题。第一种是时间旅行者的行动可以对过去造成改变, 但因为因果"链条"被摧毁重构, 对未来也就造成不可预知的影响; 第二种则认为时间旅行本身就已经是过去的一部分, 无论时间旅行者如何努力, 已经决定了的因果"链条"都不会改变。但因果律真的这样牢不可破吗?

曾经与爱因斯坦共事的著名物理学家约翰·惠勒在晚年设计了著名的"量子延迟实验", 简而言之, 就是光子的历史是由未来决定的。这也就从根本上动摇了因果律存在的根基。尽管实验表明, 量子选择延迟仅仅存在于微观世界, 但随着人类物理学研究的不断推进, 将会有更多发现让我们更好地理解这个世界, 时间旅行或许有一天不再只是一个梦想。

第23章

《逃出克隆岛》：给你的身体找"备胎"

【影片信息】

电影名称：逃出克隆岛；

英文原名：*THE ISLAND*；

出品年份：2005年；

语言：英语；

片长：136分钟；

导演：迈克尔·贝；

主演：伊万·麦克戈雷格、斯嘉丽·约翰逊。

　　林肯6-E自幼生活在一个被各种高科技设备包围的地下基地之中。基地里的科学家告诉他，地球表面已经在一次全球性核战中毁灭，他和几百个伙伴是全世界幸存下来的人类。如今，地表被核战彻底污染，只要离开基地，则必死无疑。唯一的例外，是一座叫"天堂岛"的世外桃源。基地中的少数幸运者可以通过抽奖获得去天堂岛的机会。当然，除了抽奖，怀孕的女性和她们即将出生的孩子，也被允许去往天堂岛。

　　作为一个循规蹈矩的人，林肯6-E对天堂岛并不像其他人那样向往。因为他在基地有一个漂亮的女朋友乔丹2-D，并希望与她在这里平静地生活下去。某天，林肯下班后，来到基地最深处的动力舱，找寻自己的好友聊天。一只他在教科书上看见过的飞蛾，突然降落到了它的面前，这让林肯惊骇不已，因为地下基地中不可能有这种生物存在，它必然来自基地以外的地方。这使得林肯对于基地一直宣称的内容——外部世界已经被毁灭，充斥核污染，这一说法产生了怀疑。

　　晚上，林肯把自己的怀疑告诉乔丹，但乔丹对此不以为然。就在此时，基地内的公共电视系统中传出了"乔丹2-D成为获奖者，将前往天堂岛"的消息，这让林肯更加难以入眠。为了找出事情的真相，林肯决定再次去到他发现飞蛾的动力舱。随后，顺着通风管道，他来到一个从未到过的神秘区域。在这个看起来有点像医院的区域中，林肯发现，之前被宣称已经送往天堂岛的孕妇竟然死在手术台上，她生下的婴儿也不知所踪；而另一个在抽奖中获胜的幸运儿，竟然变成活体解剖对象。原来，基地以外的世界并未毁灭，这里其实是一个生物医学中心，以"饲养"克隆体获取器官，用于移植。

　　获知真相的林肯，又回到他平时居住的区域，找到乔丹，告诉她自己的所见所闻，最终说服乔丹与自己一起逃出基地。与此同时，基地的负责人也发现林肯6-E的异常举动，开始在基地范围内展开搜捕。林肯带着乔丹，历经千辛万苦，终于逃出了基地。凭着残存的记忆，林肯来到大城市中，找到自己的本体。林肯的本体也对自己的克隆体林肯6-E表示极大的同情，并答应与他一起揭露这桩丑闻。但是，他却暗中联系了负责追杀克隆体的特别行动队。发现异常的林肯6-E劫持本体一起逃亡，在一处废墟里，本体跟克隆体打成一团。追踪而来的行动队因为分不清谁是本体，谁是克隆体，迟迟不敢开枪。林肯6-E急中生智，把象征克隆体的手环戴到本体身上。本体被射杀，而林肯6-E就此成为本体。

在基地中，因为意识到克隆体存在缺陷，基地负责人准备对克隆技术进行改进。同时，对于那些存在制造"缺陷"的克隆体进行销毁。而为了解救自己曾经的同伴，林肯和乔丹再次潜入基地。在得知真相后，最终选择"反水"的行动队队长的帮助下，林肯和乔丹最终成功解救出全部克隆体。

尽管有着唯美风格的电影画面，以及伊万·麦克戈雷格和斯嘉丽·约翰逊两位男女主角的出色演绎，但《逃出克隆岛》的故事设定却是极其阴暗的未来世界，人们为了保证能在自己的身体

器官发生病变时，有合适的器官进行替换，便在一个无人岛上建立了秘密基地，豢养自己的克隆体，以备随时可进行器官移植。

事实上，器官移植已经是当代医疗中的常见疗法。但受制于器官供体有限，以及人体自身的排异反应，器官移植手术的适用范围仍然非常有限，所以每年有许多患者在等待器官移植的过程中，不幸离世。要从根本上解决这个问题，就需要解决器官供体问题。就目前来看，借助克隆技术是方法之一。

人们对于克隆技术的认知，大都还停留在克隆羊"多莉"的故事。其实，就当下的技术而言，克隆人并非存在难以逾越的技术难关。如同电影中所描述的那样，人们可以从克隆人身上获得器官供给，但很显然，在伦理层面，这是绝对行不通的。即便是克隆人，也是有血、有肉、有自主意识的人，我们不能对他们肆意妄为。因而，克隆人的行为已经被国际公约和世界各国的法律所明令禁止。

在生命科学领域，是否可以只是用患者健康的体细胞克隆出人体器官，如心脏、肝脏、肾脏等，以有效解决器官供体不足和自身排异反应，这两个当今器官移植手术中的核心难题呢？这里不得不提到现代生物医学界最为热门的干细胞移植治疗技术研究的主要内容。

这里需要解释一下"干细胞"的作用。普通的细胞都有各自的"岗位"，成年体细胞是"定向"细胞，只能定向分化为特定的细胞，如乳腺细胞只能发育成乳腺。而干细胞则拥有无限的可能，在细胞发育过程中处于较原始阶段，具有无限制自我更新能力，同时也可分化成特定组织的细胞。干细胞的这种特殊能力，为克隆器官带来了可能。

除胚胎干细胞，近年来，科学家又发现了成体干细胞、造血干细胞、神经干细胞、肌肉干细胞等。这些干细胞分别可以分化为其对应的组织细胞。

然而，单纯依靠细胞克隆技术，只能克隆出一堆零散的细胞，并不能形成特定的器官。于是，人们开始利用组织工程学来解决克隆细胞的支撑问题。一般来讲，组织工程学就是给克隆细胞安置一个"家"，让细胞茁壮成长为一个具有器官形态和功能的完整的组织器官。

要想让细胞长成完整的器官，需要给细胞一个"支架"才能使细胞长成各种器官的形状。目前的"支架"可以从生物体内提取，也可以利用贝类或螃蟹等甲壳类动物的外壳作为天然材料进行人工合成。科学家可以将不同的细胞"种"到"支架"材料上，这样就可以"种"出不同的器官，然后通过降解技术把支架材料降解掉，以便用于器官移植。

结合克隆技术和组织工程学技术，在体外模拟人体组织器官分化发育的环境条件，精确设计、制造和复制出人们所需要的组织器官，这在理论上可以使所有的免疫学、生理学障碍得到解决。目前在实验中，利用这一技术可以修复的人体组织或器官包括皮肤、软骨、角膜、某些神经、耳朵、乳房和膀胱等。

2006年，英国医学期刊《柳叶刀》公布的一份研究报告称，美国科学家已经在实验室中结合克隆技术和组织工程学原理，成功培育出了人造膀胱，并顺利移植到7名患者体内。人造膀胱是研究人员从患者的膀胱上取下上皮细胞样本，再将肌肉细胞和膀胱上皮细胞分别置于不同的培养器皿中，并按照需要放在一个"支架"上培育而成的。当人造膀胱培育成功后，外科医师就可以将"新膀胱"移植到患者的膀胱上，并使其继续生长与原器官"重组"，取代原器官中丧失功能的部分。由于用于移植的膀胱是接受移植者的细胞培育产生的，所以移植后的膀胱不会在患者体内发生排异现象。这是世界上第一次将实验室培育出的完整器官成功移植入患者体内，这让我们对克隆器官的未来充满希望。

　　目前，在实验室中培育人造气管、皮肤、血管、膀胱、胃等结构较为简单的组织或器官，已获得成功，培育更为复杂的肾脏，也有成功的先例。但心脏、肝、肺等实体器官因为组织结构更为复杂、功能更为繁多，在培育上还没有取得突破性进展。不过，正在兴起的3D生物打印机技术，或许能为这些实体器官的人工制造，开创一片新天地。

　　在可以预见的未来，随着生物医学科技的发展，现在困扰人类的众多疾病，极有可能通过自体细胞培养器官移植技术得到解决，人类的寿命将会被延长。当然，这无疑也会带来一系列的社会问题。但是，我们坚信，人类的智慧终将把这些难题一一化解，并将人类社会带往"理想国"。

第24章

《兵人》：超级"智慧"士兵养成记

【影片信息】

电影名称：兵人；

英文原名：*Soldier*；

出品年份：1998年；

语言：英语；

片长：99分钟；

导演：保罗·安德森；

主演：库尔特·拉塞尔、贾森·斯

科特·李。

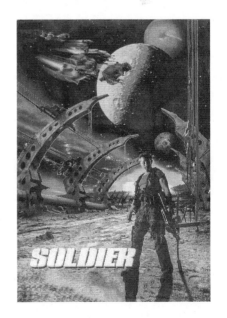

飞渡银河的匠人精神：科幻电影中的先进制造

在未来的星际社会，战争变得愈发残酷而无情，普通成年人已经无法通过常规训练成为一名合格的士兵。于是，军方决定实施"亚当计划"，直接从新生儿中筛选出有希望成为合格士兵的"苗子"。这些小小士兵从一出生就成为军队中的一员，他们生活在与世隔绝的军营中，没有亲人，也没有朋友，从幼年时代起就开始接受"斯巴达式^①"的战斗技能和心理素质训练。为保证这些战士的绝对忠诚，他们的大脑中还被植入芯片。经过残酷的淘汰式竞争，最后得以生存下来的未来战士成为一群"最理想的士兵"——绝对服从命令，不能质疑长官，要有必胜的决心，认为武力可战胜知识，消灭所有敌人，对敌人必须赶尽杀绝，不能手下留情，认为心软等于死亡。

陶德就是"亚当计划"培养出的一名优秀战士。从十七岁完成训练，直到四十岁，他都在军中服役，参与了众多军事行动。直到一批更为先进的、在出生前就接受了基因改造的士兵出现，包括陶德在内的老兵被毫不留情地"扫地出门"，陶德被丢弃在234号垃圾行星。

令人意想不到的是，原本被标注为无人行星的234号上，竟然有人居住。他们是失事的宇宙飞船中的幸存者，为了生存，结成部落，依靠回收各种废弃物，在这个星球上建立庇护所。在经历了最初的怀疑和试探后，他们终于决定接纳陶德成为新成员。

---

① 斯巴达是古希腊城邦之一，以严酷的军事传统著称。斯巴达式指尚武、纪律严明的生活方式。

　　然而，平静的日子没有过多久。一艘军方的太空登陆舰从天而降。原来这是陶德曾经的上司麦肯上校带着那些经过基因改造的新兵正在执行星际巡逻任务。当发现234号行星上竟然有人居住时，为了让新兵取得战斗经验，麦肯竟下令要杀光这个星球上的所有人。

　　为了保护营地的居民，部落的女首领霍金斯决定与登陆部队谈判。可是，还没等她开口，装甲车就向她发射了导弹。部落居民随即开枪反击，但这些装备简陋的居民，哪里是训练有素、火力强大的正规军的对手。很快，突击队便闯进营地，大开杀戒。危急时刻，陶德挺身而出，带领居民与入侵者展开殊死搏斗，先后把两支突击队中接受过基因改造的士兵全部歼灭。

　　随着前方两支突击队先后失去联系，太空登陆舰上的麦肯上校和士兵都慌了手脚。气急败坏的麦肯决定用核弹把这个行星彻底夷为平地。由于新兵都已经失去联络，埋设核弹的任务只能交给登陆舰上的老兵去执行。

当老兵安装好核弹准备撤离的时候，陶德带领着营地的幸存者出现在昔日战友的面前。此时已经无须任何言语，一个眼神的交流，就让老兵有了共同的想法。

在登陆舰上，麦肯上校决定舍弃所有的老兵，命令飞船立即起飞，并枪杀了一名反对他的上尉。就在飞船即将升空的时候，老兵冲进控制舱，将麦肯上校和其他军官都抓了起来，并把他们扔下飞船。

夺取飞船后，以陶德为首的老兵带着所有幸存者逃离234号行星。而整个234号行星也在随后的核弹爆炸中彻底毁灭。从这场浩劫中逃脱的人们乘坐飞船向三月星前进，准备在那里重建美好的家园。

一名优秀的士兵不仅要拥有强健的体魄、机敏的洞察力、灵活的头脑、过硬的军事素养，还要有顽强的战斗意志和必胜的信心，能够在复杂、恶劣的战场环境中保持良好的情绪和心理状态。科幻电影《兵人》向我们展示了通过遗传工程培育的超级士兵。第一代兵人是严格选择的优秀基因携带者，第二代兵人便是对基因加工处理过的"改造人"。片中的主角陶德自幼被选拔加入军队，为了能活下去而不断的战斗，几乎沦为一台没有任何情感的"杀人机器"。直到他被新兵取代，像垃圾一样被无情抛弃。

　　电影中的故事令人动容，但现实中要创造出一名"超级士兵"所使用的方法则与电影中展示的情形恰恰相反。

　　随着电子技术的快速发展，单兵武器及装备的智能化程度越来越高。美国一家商业枪械公司不久前成功开发了一种能够自动瞄准的智能狙击步枪，这种智能狙击步枪与普通枪械最大的不同，就是装备有一种联网追踪瞄准镜。这种瞄准镜从外观上看有点类似于双筒望远镜，其内部配备了芯片处理器，并与感光、测距、量风等传感器及制导扳机联动。每把枪还配备一个精确制导弹夹，枪中的电子设备还能通过无线网络与平板电脑连接，并将目镜采集到的实时弹道数据及视频画面在社交媒体上分享，视频最长可达两小时。这种智能狙击枪的主要客户人群是那些平时没有时间练习射击的枪械爱好者，因而也被戏称为"傻瓜狙击步枪"。

　　智能狙击步枪的出现只是现代电子科技对传统步兵作战方式和形态造成巨大改变的"冰山一角"。事实上，由于陆地战场环境的复杂性，以及传统步兵作战方式的残酷性，要提升单兵作战的生存率，既要依靠士兵自身的优良素质，又要依靠科学而艰苦的军事训练。"训练多流汗，战场少流血"，一直是陆军部队的信条。因此，在真实的战场环境中，经验丰富的老兵更有可能获胜。

　　进入21世纪后，虽然时有战争发生，但就整体社会而言，对于战争伤亡的承受能力却在减弱。尤其是对发达国家的军队来说，招募、培养一名符合现代化战争需要的合格士兵，要付出极大的成本。如果在战场上，让士兵轻易地牺牲，不仅会面临巨大的舆论压力，还意味着之前投入的巨额培养费用的损失。因此，对于这些国家的军队来说，降低新招募士兵的培训成本，同时提高他们的战场生存能力，就成为一项亟待解决的重要问题。

提高步兵战场生存能力的传统方法，是通过步兵战车、武装直升机等机动载具，提升步兵的机动性、防护力和伴随火力。但是，在现实的战场环境中，步兵有时需要脱离机动载具作战。而只依靠穿戴头盔、防弹衣等被动防护装备，又很难抵挡敌方重火力的杀伤。因而，提升步兵的战场态势感知能力，帮助单兵或战术分队合理判断敌方目标的威胁程度，适时展开火力突击，并提供及时的远程火力支援，就成为在现代陆战战场上，提高单兵生存能力的关键之一。

前文提到的智能狙击步枪，只是这种先进陆战系统的一个组成部分。在未来战场上，每个士兵都像是一个网络作战节点，通过眼镜式平面显示器、人体传感器和数字式通信设备的结合，可以将士兵的个人信息实时传递到战役战术指挥网络中，而计算机系统可根据每一个士兵所处的地理位置、战场态势、武器装备及弹药消耗情况、士兵的身体情况等因素，灵活安排战术编组和战斗任务，从而把单兵的战斗效能发挥到极致，更有效的实现"消灭敌人、保存自己"这一战略原则。

而随着无人机、战斗机器人等先进智能装备投入使用，未来战争可能会进化为"无人战争"。对于正在逐渐向"地球村"迈进的现代人类来说，和平与发展才是时代主题，科技的进步确实带动军事装备的升级，但我们不希望在现实中看到战争爆发，任何战争伤害的无疑都是我们人类自身。

第25章

《青之6号》: 在海底飞行

【影片信息】

电影名称: 青之6号;

日文原名: 青の6号;

出品年份: 1998年;

语言: 日语;

片长: 120分钟;

导演: 前田真宏;

配音主演: 乡田穗积、有本钦隆、根谷美智子、小杉十郎太。

在并不遥远的未来，地表资源逐渐枯竭，为了缓解日益增加的生存压力，人类把目光投向了深邃的海洋。世界各国政府联合组成了一个名为"青"的组织，旨在推动新海洋科学的发展，让海洋成为适宜人类生息繁衍的"新大陆"。

然而，身为"青"组织的首席科学家庄代克教授因家庭变故而性情大变，他利用"青"的科研成果在南极洲建立秘密基地，并制造出众多的变异兽人。同时，庄代克教授以领袖和导师的身份率领他的变异兽人军团向人类宣战，通过融化南极冰盖令海平面上升，使得超过十亿人在这次浩劫中丧生。接下来，庄代克教授还准备利用深入地幔的高能设备引起地磁翻转，引发全球性的大灾变，意图彻底消灭人类，建立属于变异兽人的新世界。

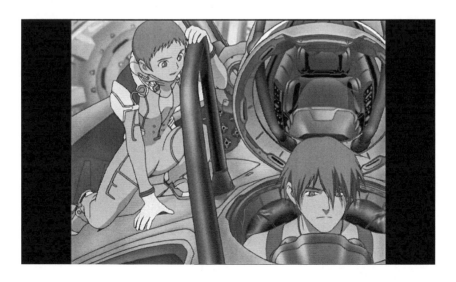

为了阻止庄代克教授的阴谋，"青"组织调集全球武装力量的精锐准备对庄代克教授在南极洲的基地发动总攻。而参与此次军事行动的主力就是以超级潜水舰"青之6号"为首的潜艇部队。

总攻开始后，人类舰队攻势凌厉，兽人军团也拼死反击，双方损失惨重，战局呈现焦灼状态。在伊贺舰长的默许下，两位人类战士速水和纪之出发去寻找庄代克的秘密基地。

几经周折，速水和纪之终于登上了那片传说中的陆地。让他们震惊的是，这里根本没有秘密基地，仿佛一片恬静悠闲的世外桃源。在那里，他们见到了世人口中的"大魔王"——庄代克教授。此时的庄代克将不久于人世，便把一个惊人的秘密告诉了速水和纪之。

原来，庄代克的确已经制造出能够造成地磁翻转的装置，却没有足够的动力启动它，但如果人类使用核武器消灭兽人的话，那么爆炸产生的能量就会同时启动地磁翻转装置。而他之所以这样做，就是希望人类能够与兽人和平相处，不再视对方为宿敌。最终，速水和纪之接受庄代克教授的临终嘱托，用无线电通知"青之6号"和人类舰队取消核打击计划，人类得以避免一场浩劫。

人类是"大地之子"，广袤无垠的大陆像母亲一样，用各种各样的资源"养育"了人类。随着人类自身的不断成长，对资源的需求与日俱增，终于让大地"母亲"不堪重负。于是，人类便将贪婪的目光投向了传说中海神波塞冬①统治的汪洋大海。但是，狂暴的海神是否会容忍人类的肆意妄为呢？科幻电影《青之6号》讲述的正是一场发生在人类与海洋部族之间，围绕生存权利展开的殊死搏斗，但电影最终传递给观众的却是对生命的尊重与关怀。

这部影片中的绝对主角，自然是那艘可以在大洋深处穿行如梭的"青之6号"。其实，严格地说，"青之6号"并不是一艘潜艇，而是一艘用高科技打造的大型水下航行器。

水下航行器不同于普通潜艇，是一种航行于水下的动力载具，能够完成水下勘探、侦测等任务，包括载人水下航行器和无人水下航行器。水下航行器与潜艇最大的不同，则是水下航行器

① 波塞冬是古希腊神话中的海神。

一般不具备潜艇的压载水舱，主要依靠自身的流体力学特性和动力装置完成潜水任务。

20世纪90年代以来，潜艇在军事和国防方面的作用已发生明显变化，被越来越多地应用于近海海域，支援联合任务。然而，这对价格昂贵的常规潜艇及核动力潜艇来说，无疑是增加了任务风险，尤其是体积庞大的核动力潜艇，无法在近海的浅水海域执行任务。与此同时，无人水下航行器便脱颖而出。

1993年，美国伍兹霍尔海洋研究所研制成功一种自治式深海探测器，也就是无人水下航行器。这是一艘能在水面工作船引导下，潜入调查区工作的探测器，可以根据事先制定的周期性工作计划，对调查区内预先指定的地点进行一系列巡航任务，以摄取视频图像或做其他项目测量工作。2014年，在搜寻失踪的马来西亚航空公司的MH370客机的过程中，人们就曾使用类似的搜索设备。

目前，无人水下航行器主要还是被用作军事领域。比如，美国海军现役的无人搜索系统（AUSS）就是一种典型的侦察用无人水下航行器。它的外形酷似鱼雷，由军舰或潜艇携带，可以在6千米的深度连续工作10小时，对周边海域的目标进行监控，还能对可疑目标进行抵近监视。

除了侦察作用，无人水下航行器的另一项重要任务就是扫雷。水雷是一种布设在水中的爆炸性武器，第二次世界大战中，美国对日本进行了水雷绞杀战，使日本大大受挫。因而，战后，包括美国在内的世界主要国家，都把相当多的精力投入到对水雷和扫雷装备的研究之中。在20世纪90年代的美国，就装备有名为水雷侦察系统的无人水下航行器，能够由潜艇携带，可从潜艇的鱼雷发射管中发射，在近岸或浅水海域，自主航行，进行探雷、扫雷工作，为潜艇航行开辟安全通道。21世纪初，美军又装备了RMS遥控猎雷系统，这种装备采用柴油动力推进系统，最远行驶距离达93千米，底部安装有小型水下航行器，其中配备声呐传感器，主要用来搜索海底的沉底雷，可利用通信天线随时与母船进行信息沟通，接收母船对其发出的指令。

随着人工智能、高速水声通信、新材料研制等技术的发展，大型自主水下航行器，逐渐成为各国海军装备研究的重点。美国海军在2008年装备了外观酷似水下飞机的LTV38无人水下航行器。该航行器全长8.2米，直径11.6米，最大潜深1 000米，以巡航时速可以连续工作72小时，具有自主水下航行能力，可通过声学传感器规避障碍。LTV38航行器在装备时，仅作为训练用，但其本身已经具备了搭载多任务模块，执行战场信息搜集、反潜、反水雷、探测定位、载荷运送等多种作战任务的能力。在一定程度上，LTV38航行器代表了军用无人水下航行器发展的未来趋势。

除大型化和智能化特征，无人水下航行器未来的另一个技术发展方向是多舰编队协同作战，也就是，让多个无人水下航行器在自主航行状态下，通过相互配合，完成编队协同作战的任务。而实现这一技术目标有赖于人工智能、数据融合与数据管理、高续航力的先进推进技术、水下自主导航通信等技术的支撑。另外，提高航行器生存能力、降低被敌方截获的概率、提高航行器储能技术也是至关重要的。如果无人水下航行器的编队协同作战技术能够得以突破，那原本只出现在科幻小说或科幻电影中的无人水下舰队将有可能成为现实。

相对于无人水下航行器，载人水下航行器的设计和建造要困难得多，因为要更全面的考虑人体工学和生命保障系统方面的问题。而要建造出像"青之6号"那样的大型水下航行器，更需要克服新材料、新工艺、流体力学外形设计、新型核动力装置研发等多项技术难关，建造费用也将达到十分惊人的程度。随着人类开发海洋资源，尤其是深海资源的需要，将来会有越来越多的新型水下航行器出现在人们的视野中。到那时，像"青之6号"一样，能够在大洋深处自由穿梭，将不再只是人们美好的幻想。

第26章

《007之择日而亡》：靠聚焦消灭对手的太阳能武器

【影片信息】

电影名称：007之择日而亡；

英文原名：*Die Another Day*；

出品年份：2002年；

语言：英语；

片长：133 分钟；

导演：李·塔玛霍利；

主演：皮尔斯·布鲁斯南、哈莉·贝瑞、罗莎曼德·派克、托比·斯蒂芬斯。

代号007的英国特工詹姆斯·邦德，在一次执行任务的过程中，不幸被俘。几个月后，因交换战俘，他重新回到英国，但迎接他的并不是鲜花和掌声。上司M女士告诉邦德，他现在已经不是007了，他的情报员资格已经被终止，至于能否复职，要看他在福克兰中心接受评估的结果。

不愿意接受这个结果的邦德选择了独自逃脱。在亚洲某地情报组织头目老陈的帮助下，邦德拿到新的护照，以及前往古巴的机票。

在古巴首都哈瓦那，邦德从一个在当地经营雪茄作坊的商人那里得知，他一直追踪的杀手赵先生正在一座名为洛斯·甘诺斯的小岛上，接受阿瓦瑞斯医生的基因整形手术。

邦德立刻驱车前往，但要登上小岛必须凭专用通行证。为了拿到通行证，邦德来到一家滨海酒店，这里聚集了众多准备接受整形手术的"客人"。不过，这家酒店给邦德最意外的收获，是一位名叫珍芮的黑肤美人。凭直觉，邦德猜出此人一定大有来头。

第二天，两人来到岛上，经历了一番波折后，终于找到了正准备接受基因整形手术的赵先生。但是，杀手赵先生还是从他们的手中逃走了。回到哈瓦那，邦德再次找到那位雪茄商人，并得知，赵先生用来支付医疗费的钻石上，竟然标有一家冰岛公司的印记。

回到英国，邦德来到了秘密联络点，并见到M女士。原来此前的一切，都是他们为了找出"内鬼"而上演的一出"苦肉计"。在得到全新间谍装备后，邦德以参加一个科技展的名义，出发前往冰岛。

在冰岛，邦德住进了气势恢宏的冰酒店，这是一座全部用冰块建造的五星级豪华酒店。而与邦德一同受邀参加展会的各界贵宾也都下榻于这座冰酒店。到了晚上，本次科技展的主办者——青年富豪葛拉夫，为来宾们举办了盛大的欢迎晚宴。在宴会厅里，邦德和珍芮再次相遇。听到珍芮语带玄机，邦德马上意识到，对方很可能是"同行"。而当他们正聊得兴起之时，一个神秘的黑影从侧门悄悄溜进冰酒店，此人便是从古巴侥幸逃脱的杀手赵先生。

入夜时分，葛拉夫把众人召集起来，一起欣赏其公司投资研发的新能源项目——"伊卡洛斯计划"的最终成果展示。所谓"伊卡洛斯计划"，简而言之，就是在太空中建立的一面硕大无比的反射镜，通过配套的空间站和地面遥测系统对其进行控制，能够把太阳光反射到一个相对狭小的区域内，从而大大提高太阳能的利用效率。葛拉夫兴奋地向在场的众人宣称一个新能源时代即将到来。

　　经过一番秘密追查，邦德终于了解"伊卡洛斯计划"的真正作用是制造一件太阳能武器。而葛拉夫想把它卖给某个妄图称霸世界的国家，以牟取暴利，而赵先生正是他的手下。在经历一番激烈打斗和追逐后，邦德和真实身份为美国中央情报局特工的珍芮，一起打败赵先生，生擒葛拉夫。一场可能威胁世界和平的危机，就此化于无形。

　　以英国军情六处特工詹姆斯·邦德为主角的"007系列"电影，每一部都展现了大量超现实的尖端武器，堪称军事科幻大片。而在众多的尖端武器中，"007系列"的主创者似乎对太空武器情有独钟。例如，在《天上的钻石》里，阴谋家用钻石透镜卫星聚集太阳能，可烧穿核弹发射井；在《勇破太空城》中，狂人计划从太空城向地面发射内含兰草毒素的炸弹，以毁灭人类；在《黄金眼》中，俄罗斯制造了名叫"黄金眼"的太空武器，这种武器不伤人，但可毁灭敌方的电子设备。

《007之择日而亡》中的"伊卡洛斯计划"可以说是"007系列"中太空武器的又一新产品。其实，利用太阳光聚焦原理制造出可打败敌人的武器并不是新创意。12世纪时，东罗马帝国学者约翰·佐纳拉斯曾记载，在公元前213年，罗马舰队进攻西西里岛的城市叙拉古时，伟大的古希腊科学家阿基米德当时是西西里国王赫农的军事顾问，阿基米德指挥工人在海边建造了一面巨大的透镜，通过聚焦太阳光，将装载着罗马人的木制战船烧成了灰烬。

电影《007之择日而亡》中描绘的"伊卡洛斯计划"，可以说是"阿基米德透镜"的太空版。事实上，人们最初开发这种装置

的目的是为了能有效地利用太阳能。由于地球大气层的阻隔，能够到达地面的太阳能量有限，所以安装在地表的太阳能装置很难实现大规模的太阳能装换。于是，在1968年，美国人彼得·格拉赛提出"空间太阳能电站"的设想。也就是，把太阳能电站建在太空中，直接吸收太阳能，然后用技术手段将其传输回地球。具体来说，就是由太空电站将太阳能转化为电能（一次电能），再把电能转换成微波，通过无线能量传输方式传输到地面的接收转换装置，再转换成电能（二次电能），输出给用户。

1979年，美国提出了第一个空间太阳能电站的基本设计方案，国际上称之为"1979 SPS基准系统"。该系统由巨型太阳能电池阵和大型发射天线组成。巨型太阳能电池阵保持对日定向，位于电池阵边缘的巨大发射天线保持对地球定向，两者之间的相对位置变化则利用大功率导电旋转关节实现，从而保证该系统可以连续向地面接收站供电。当时，科学家估算，这样一座空间太阳能电站的预计输出功率为2 000兆瓦，基本上可以满足一个小城市的年用电需求。不过，这也正是空间太阳能电站最大的短板所在。因为建造同等效能的化石能源发电站的成本，仅为建造空间太阳能电站的万分之一。经济成本成为阻碍空间太阳能电站发展的最大瓶颈。

为此，欧洲宇航局的科学家在20世纪80年代又提出了太阳帆塔太阳能电站的设计方案，简而言之，就是像帆一样，用特制的缆绳，在太空中连接多块大型太阳能电池板，并对其方向和角度进行控制, 形成太阳能电池阵。太阳能电池阵由数百个面积为225平方米的正方形太阳发电阵模块组成, 可以根据总发电量的要求灵活配置电池阵的数目。太阳能电池阵沿中央缆绳两侧排列成2行或4行, 发出的电流通过由超导材料制成的中央绳输送到缆绳末端的发射天线, 经转换后发回地球。但是, 在经过缜密的演算后, 科学家发现, 这套系统在当时的技术条件下, 无法保证电池阵始终朝向太阳的方向, 因而也就无法持续向地球供电。

既然在太空中发电并传输回地球是如此的困难, 那能不能把更多的"太阳光"引到地面, 以提高地面发电设施的光能转化效率呢? 科学家据此提出了"空间激光太阳能电站"的想法。这种空间太阳能电站采用抛物面太阳聚光镜或菲涅耳透镜[1]进行太阳光高聚光比[2]聚焦, 聚集的太阳光发送到激光发生器, 产生激光, 而激光扩束后传输到地面, 地面采用特定的光伏电池接收转化为电能。相比之下, 在当前的人类科技水平下, 这种空间激光太阳能电站在工程难度和后期维护成本等方面都有一定的优势, 是有实现可能的一种选择。

也许正如影片中所描绘的那样, 这种装置稍加改造后就能转变成威力无比的太空武器。目前, 美俄两国的科学家都致力于研究这种"太阳能武器"。一旦研制成功, 这种太阳能武器将由运

---

① 菲涅尔透镜的原理是根据光的干涉及扰射, 以及相对灵敏度和接收角度来设计的, 看上去像一片有多个同心圆纹路的玻璃, 却能达到凸透镜的效果。
② 聚光比是指使用光学系来聚集辐射能时, 每单位面积被聚集的辐射能量密度与其入射能量密度的比。

载火箭或航天飞机发射升空，进入预定轨道后，原本处于折叠状态的镜面将展开，由于镜面采用的是一种既轻薄又坚固的材料，因此可以根据地球和太阳的相对位置，自由调节投射阳光的角度和强度。在实战中，这种太阳能武器可能在瞬间制造出几千摄氏度的高温，强烈的高温光线能穿过厚厚的大气层抵达地球表面，其温度足以融化和烧毁地球上的敌对目标。作为武器，它的缺点也许就是杀伤力太大，就像氢弹爆炸一样，被它击中的地区将会立刻变成一片焦土。

当然，在理论上这种太空武器已经被国际公约所禁止，我们极力避免这种悲剧上演。

但对于电力的需求，经过多年的研究，人类已经找到一个大规模安置空间太阳能电站的理想区域。那就是距离地球38.4万公里的月球轨道，该轨道受地球阴影的影响比同步轨道小得多，可有效延长发电时间，且该轨道较大，可建立多个大型空间太阳能电站或电池阵列组。而且，通过一定的技术手段，在这个区域产生的电能不仅可以供应给地球，也可以供应给未来人类建立的月球基地，甚至是在地月之间建立的大型空间站。

第27章

《星河战队》: 抵挡虫族外星人的超级盔甲

【影片信息】

电影名称：星河战队；

英文原名：*Starship Troopers*；

出品年份：1997年；

语言：英语；

片长：129分钟；

导演：保罗·范霍文；

主演：卡斯帕·凡·迪恩、迪娜·梅耶、丹妮丝·理查兹。

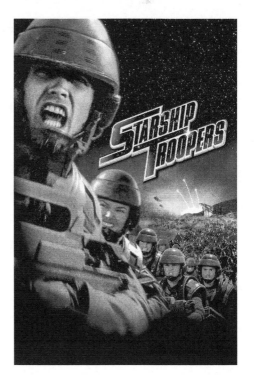

在未来社会中，法律规定，人们要获得公民权——也就是选举权、被选举权和担任公职的权利，必须先服两年的兵役，而且一生中只有一次机会，无论在任何一个环节中被淘汰都将终生无法获得公民权。

年轻的乔尼是一个富商家庭的独生子，即将高中毕业的他，原本打算遵从父亲的意愿去哈佛大学商学院读书，毕业后接管家族生意。但在同窗好友卡尔的影响下，乔尼却瞒着家人递交了入伍申请。

入伍后，乔尼面对的第一个挑战就是新兵训练。作为2 500名新兵中的一员，他随队一起前往北方大草原的阿瑟·考利营受训。新兵训练中，乔尼遇到了各种各样的难题，他都一一克服了，直到一次模拟训练时，由于乔尼的失误，导致一名同伴丧生，他不得不接受军法审判和鞭刑。这让乔尼心灰意冷，想递交退伍申请一走了之。谁知，就在此时，外星虫族对地球发起突袭，乔尼的家乡布宜诺斯艾利斯遭到攻击，他的父母也在袭击中身亡。悲愤交加的乔尼收回了退伍申请，坚持完成训练，走上对抗外星人的战场。

在战场上，乔尼逐渐成长为一名优秀的战士。为了能捕获外星虫族的首脑，乔尼所在的部队被派往P星。经历了一系列残酷的战斗后，乔尼等人终于圆满地完成任务，并抓获外星虫族的女王。

经过在P行星上的生死考验之后，乔尼被送回"避难所"基地养伤。不久后，他从军校毕业，成为一名太空军少尉。更令他振奋的是，他将被派回自己的原属部队服役，那里有曾经和他朝夕相处的战友。当他在太空港里等候转机的时候，看到了一份长长的航班表，意味着又一场大战即将开始……

　　电影《星河战队》改编自罗伯特·海因莱因的科幻小说《星船伞兵》。

　　在海因莱因的构想中，外太空作战的陆战部队中，每个战士都穿着一件装甲动力服，这种装甲动力服兼具太空服和单兵机动装甲的双重属性。穿上它以后，这些士兵看起来就像一只用钢铁做的大猩猩，这种神奇的装备能够让士兵们在外星球健步如飞，能够给你提供短时间的飞行功能。它不仅能帮助你携带数量众多、品种齐全的武器，还能抵御外星人所使用的轻武器的攻击，并装备了先进的侦察仪和传感器，以便更快、更准确地发现敌人。毫不夸张地说，装甲动力服是每一个身处太空战争前线的士兵都梦寐以求的超级武器。只不过，这一设想并没有被纳入到电影场景当中。

　　随着战争形态的改变，陆战部队对于单兵作战能力和持久度的要求越来越高。而人类的体能毕竟是有限的，按照当年海因莱因对于装甲动力服的奇思妙想，科学家和工程技术人员开始研究一种能够提升单兵战斗负荷和持久作战能力的装备——机械外骨骼。

　　科技界对于制造机械外骨骼的最初努力开始于20世纪60年代。在1966年，美国通用电气公司提出了研制"哈德曼助力机器人"的设想，该装置主要采用电机驱动控制，可以轻而易举地举起几十千克重的物品。但由于当时技术条件所限，尤其是自动控制和传感器等核心技术尚不成熟，"哈德曼助力机器人"最终只停留在了设想阶段。

进入21世纪，世界主要军事强国所面临的作战环境发生了根本性变化，对于单兵有效负荷和持续作战能力提出了新的要求。过去几十年间，人类在材料科学、控制技术、电池技术、微电子技术等方面取得了突破性发展，军用机械外骨骼又一次成为新武器装备研发的重点之一。

从1995年开始，美国国防部高级研究计划局就投入巨资研发军用单兵机械外骨骼，并在2002年推出了第一代产品XOS。这套系统能够通过自带的计算机和传感器，对士兵的身体活动趋势进行判断，并给予助力，从而有效提高士兵的负荷量和行动持久力。不过，由于其采用的液压系统能耗过高，并不具备实战能力。2010年，其换代产品XOS2面世，由于采用了全新的设计、材料和工艺，XOS2能耗降低了50%，有效负荷增加到100千克。而且，因采用了与科幻小说中的动力装甲服类似的全身骨架设计，穿着这种外骨骼的士兵甚至能依靠臂部的机械助力装置和金属手套，毫不费力地击穿8厘米厚的木板。当然，整个机械外骨架系统还没有灵活到能进行徒手格斗的程度，因而这种能力并不能用来同敌方近距离搏斗，而是用来在复杂路况下，可以迅速清除障碍物。

除XOS项目，美国著名的军火商洛克希德·马丁空间系统公司也对军用机械外骨骼的研制投入了巨大的热情。该公司研制了

"人体负重外骨骼"，由于采用人体工学设计，穿上这种外骨骼的士兵依然能够轻松地完成爬行、深蹲、行走、抬举重物等动作。而且，这种外骨骼一次充电可以让一个负重90千克的士兵，在一小时内轻松行进20千米，使之更具有实战价值。

除了军事领域，机械外骨骼在民用领域也有非常广阔的前景。日本筑波大学就研发出名为"HAL3"的机械外骨骼，其主要功能是帮助有肢体障碍的人完成行走、起立、坐下等下肢动作。"HAL3"系统主要由无线网络系统、电池组、电机及减速器、传感器（地板反应力传感器、表面肌电传感器、角度传感器）、执行机构等部分组成。由于不需像军用设备那样考虑在恶劣环境下使用的问题，因此"HAL3"采用了大量轻质材料制造，总重量大约只有17千克，还能够根据人体的动作意愿自动调整装

置助力的大小。"HAL3"的主要用户是残障人士或高龄者等生活不便人群，也可用于抢险救灾等领域。而其名字中的"HAL"正是来自经典科幻电影《2001太空漫游》中的智能机器人"哈尔9000"（HAL9000）。

　　机械外骨骼的构想来自科幻电影中的星际大战，而在现实生活中我们更希望这种功能强大的机械能够成为人们的生活助手，尤其是在老龄化问题日益突显的今天，这种神奇的机械，有可能让更多生活不便的老人摆脱"失能"的困扰，让更多的高龄老人享受有质量、有尊严的生活。

第28章

《机动战士高达》: 机甲神器的诞生

【影片信息】

电影名称: 机动战士高达;

日文原名: 機動戦士ガンダム;

出品年份: 1981年;

语言: 日语;

片长: 139分钟;

导演: 富野由悠季、安彦良和;

配音主演: 古谷彻、池田秀一、铃
置洋孝。

20世纪末，人类面临前所未有的生存危机。为了全人类的幸福和未来，地球联邦政府成立，随即发表"人类宇宙移民计划"。

"地球圈"的概念开始形成，指由地球、月球，以及处于两者之间，用于建设太空殖民地的区域。在2009年，地球联邦军正式建立。

2045年，第一个人造太空殖民地卫星Side1开始建造，随后陆续建成了7个类似的殖民地卫星，人类移民太空的梦想成为现实。2046年，地球联邦政府正式改元"宇宙世纪（Universe Century：U.C.）"。

然而，随着殖民地社会经济的不断发展，作为宗主国的地球与各殖民地之间的矛盾日益显现。联邦政府内部官僚化、政治腐败，导致社会动荡，殖民政策逐步向单纯维护地球利益的方向发展。这一时期，出现了"地球圣域论"，即主张将地球作为不可涉足的圣地，所有人类全部移居太空。此后，联邦政府开始以此为依据，向太空殖民地流放"非精英阶层"，使得地球与殖民地的矛盾加深。

宇宙纪元46年前后，宇宙殖民地的著名政治人物吉恩·戴肯开始宣扬"Side国家主义"，鼓吹殖民地独立，逐渐确立了自己的政治影响。宇宙纪元69年，经历了一系列政治变动后，宇宙第三殖民地卫星（Side3）宣告建立"吉恩公国"，并派出名为"扎古"的机甲战士袭击地球联邦军。人类历史上的第一次大规模的太空战争——"一年战争"，就此拉开序幕。

为了对抗吉恩公国的扎克，地球联邦军开发出"全领域泛用增强机动兵器"——高达（Gundam）。其中，型号为RX-78的"高达1号""2号""3号"机由具备在米氏粒子空间作战能力的飞马级强袭登陆舰二号舰——"白色要塞号（White Base，又译白色基地）"，送往太空殖民地卫星Side7上进行验证实验。

在运送途中，"白色要塞号"遭到了吉恩军驾驶员夏亚·阿兹纳布率领的侦察分队的袭击。吉恩军发现地球联邦军的战舰上居然装载着性能出众的机动战士，便决定在它们投入战斗前将其摧毁。此时的"白色要塞号"上没有受过专门训练的高达驾驶员。危急时刻，高达设计者蒂姆上尉的独生子阿姆罗·利乘上机动兵器，一举击溃吉恩军的进攻。"高达世界"的热血故事，由此拉开序幕……

一提到机甲，人们就会自然联想到日本科幻动画中的经典之作——《机动战士高达》。

事实上，关于巨大战斗机器人的想象并非空穴来风。在世界各族的神话故事中，都有一些令人印象深刻的巨人形象，像是中国神话中的盘古、夸父，希腊神话中的泰坦巨人，《圣经》中的

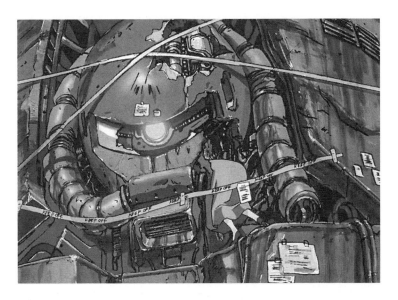

巨人歌利亚等。他们的共同点都是身材高大、孔武有力，异于常人。其实，这些巨人神话的背后可能是古人在面对神秘莫测的大自然时，表现出对强大力量的崇拜与渴望。

近代以来，随着科学技术的发展，创造出的许多神奇的机器、设备，让人们的自然感官得到延展。但这仍不能满足人们对于强大力量的渴望，尤其是在战场上，交战双方都渴望借用强大的战争机器武装自己，以期望在实体和精神两个层面威慑，乃至最终消灭对方。试想下，如果神话中那些所向披靡的巨人突然出现在战火纷飞的现代战场上，那会是一种怎样的情景？现代战争已经发展到信息化阶段，网络、数据链和精确制导武器①的广泛

——————————
① 精确制导武器是采用高精度制导系统，直接命中概率很高的导弹、制导炮弹和制导炸弹等武器的统称。

使用已经彻底改变了战争形态，甚至一枚GPS（全球定位系统）制导炸弹可以轻易地摧毁一辆数十吨重的坦克。所以，即便今天人类的技术足以建造出像神话中的巨人一般的巨型"机器战士"，也会由于其机体庞大、雷达反射截面过大等因素，而极易成为精确制导武器攻击的目标，失去实战意义。

于是，为了让电影故事情节变得合情合理，《机动战士高达》中便虚构了一种名为"米诺夫斯基粒子"的物质。这种粒子因他的发现者米诺夫斯基博士而命名，又名"米氏粒子"。此后，这位米诺夫斯基博士又创建了米诺夫斯基物理学。以此学说为理论模型，米诺夫斯基的合作伙伴伊约内斯科开始设计并建造应用米氏粒子的新一代聚变反应堆。这就是"米诺夫斯基/伊约内斯科型聚变反应堆"（简称"米/伊反应堆"）。

米/伊反应堆的体积小至仅数立方米，而且较以往同类装置更加安全可靠，可以像内燃机一样安装在小型载具内，并为之提供持久可靠的动力。而作为一项副产品，人们很快发现，在米氏粒子散布的区域，电磁波会受到严重干扰，使雷达等电子探测仪器失灵。导致这种情况的原因是，米氏粒子在失去能量缩退时，会产生"空洞效应"，即与特定波长的电磁波产生共鸣，通过共鸣被捕捉、吸收的电磁波会释放出波长与"米氏粒子"能量相位的波长相当的电磁波，对半导体集成电路产生干扰效果。这就让传统的制导武器再也无法发挥效用，从而令"超视距战斗"失去了可能性，战斗进行方式回归到在目视距离内展开的近身格斗型。

这就为巨型战斗机器人的出现和在电影中进行实战提供了合理性。

当然，以上这些都只是《机动战士高达》中的幻想，但却足见创作者丰富的科学知识和严谨的创作态度。但在真实世界中，的确有很多科学家和工程师都在致力于小型核反应堆的研制。

美国很早就致力于小型核反应堆的研发，1983年3月，美国提出"SP-100小型核反应堆计划"，该计划旨在研制一种能够用于太空飞行器和弹道导弹防御卫星的小型核能装置。该系统由六部分组成：①由铌基合金和UN陶瓷燃料组成的快中子反应堆；②以自动或遥控方式调整中子反射层和安全棒位置的传动装置；③由氢化锂/钨组成的遮蔽式屏蔽层；④传热循环子系统用液态金属锂将堆芯释放的热能传输给能量转换装置，将余热传输给辐射翅板的散热循环子系统；⑤直接将热能转换为电能的静态热电转换装置；⑥以辐射翅板将余热散发到空间的散热器。这种小型核反应堆的工作原理与大型核反应堆类似，都是把核反应堆产生的热能转换成电能，但由于采用了液态金属作为传导介质，因而整个系统的体积更小，更能适应外层空间的使用环境。"SP-100小型核反应堆"的改进型号后来被装载到1989年发射升空的"伽利略号"木星探测器上。在履行了为探测器提供能源的使命后，这个反应堆随"伽利略号"木星探测器于2003年9月21日一同坠毁在木星表面。

除了运用在航天器上，小型核反应堆还可以用来对常规动力潜艇进行技术改造。世界上第一艘核动力潜艇是1954年1月21日下水的美国海军"鹦鹉螺号"。相比于常规动力潜艇，核潜艇具有隐蔽性能更好、水下速度快、巡航时间长、能长期在水下潜伏的特点。然而，核动力潜艇的建造与维护成本也比常规动力潜艇高出很多。随着小型核反应堆技术逐渐成熟，一些国家就提出了用小型核反应堆替代常规潜艇使用的柴油发动机，制造核动力潜艇的构想。加拿大海军就曾经做了一项研究，因为使用成熟的小型核反应堆代替潜艇原有的柴油发动机，可以让原有常规潜艇在基本外观不变的情况下，既具有攻击型核潜艇的续航力，又保持常规潜艇的安静性，而且造价比常规潜艇增加不到15%。不过，要让常规潜艇变身核潜艇，绝不是把小型核反应堆安装上去那样简单，还需要与之相配套的全舰综合电力管理系统，才能真正发挥小型核反应堆的能力，并最大限度地保证安全。

在理论上，小型核反应堆也可以装配到飞机上，实现核动力飞行。事实上，在冷战期间，美苏两国都研究过核动力飞机。但是，相比于潜艇，飞机的体型要小得多，而小型核反应堆也很难装到飞机上，即便能勉强装上飞机，也会大量挤压人员或武器装备的空间。另一个无法解决的难题，就是核辐射的防护问题。所以，随着空中加油技术的发展成熟，各军事强国对于核动力飞机的长期巡航的要求变得不再迫切，核动力飞机的研究并未深入进行。

除了军事用途，随着小型核反应堆技术的日益成熟。未来，它将有望更多地用于发电、海水淡化、供暖等生产、生活领域。虽然以人类现有的科技水平，在短期内，制造出能装在汽车、飞机上的核能发动机的可能性还很低，但谁又能肯定核动力设备不会在未来大展拳脚呢！

第29章

《安德的游戏》：如何打赢太空战争

【影片信息】

电影名称：安德的游戏；

英文原名：*Ender's Game*；

出品年份：2012年；

语言：英语；

片长：114分钟；

导演：加文·胡德；

主演：哈里森·福特、阿沙·巴特菲尔德、海莉·斯坦菲尔德。

50年前，被称作"虫族"的外星人袭击地球，造成了数亿人伤亡。关键时刻，一位伟大的地球舰队指挥官牺牲自己，以击败虫族。人类从此再也不敢掉以轻心，他们需要时刻为下次袭击做好准备。

人们通过研究发现，儿童比成人更能胜任太空战。于是，国际舰队便选拔一批天才儿童作为未来太空战指挥官的候补人选。安德就是这些被选中的天才儿童之一，为了掌握他们的一举一动，在这些儿童的后颈部植入了跟踪器。然而，一次斗殴让安德失去了从军的资格，被拔除监视器，送回家里。沮丧的安德得到了姐姐华伦蒂娜的安慰。

然而，国际舰队的训练主管格拉夫却又找上门来，重新把安德召回军中。原来，安德当时之所以拼命打倒欺负自己的校友，只是为了防止他今后继续欺负自己。格拉夫认为安德的这种思维方式非常适合担任舰队指挥官。于是，便把他带到了位于太空站的高级军校。

在这里，安德慢慢展现出自己的领袖气质，并成功进入"火蜥蜴战队"，参加高级战术训练。此后，安德又获得了组建和领导属于自己的战队的机会。他的这支战队名叫"飞龙战队"，全体成员都来自安德曾经就读的一年级。就是这群初学者，在安德的指挥下，成功地击败了安德曾经隶属过的"火蜥蜴战队"。这让整个军校的高层人士认定，安德将是新一任国际舰队统帅的不二人选。

但是，对抗训练结束后，"火蜥蜴战队"的队长，也就是安德曾经的直属上司左邦，来给安德找麻烦。两人一言不合，便大打出手。结果，左邦被安德推倒，造成颅骨骨折，变成"植物人"。安德因此彻底崩溃，回到地球上。又是姐姐的包容和鼓励，让安德重新振作起来。

恰在此时，格拉夫再次找到安德，将他带回太空国际舰队。但这次，格拉夫直接把安德带到前线基地。在那里，安德见到了传说中在50年前带领人类击败"虫族"的传奇指挥官——马泽。原来，马泽并没有死，只是在等待能够带领人类战胜"虫族"的新一代指挥官的到来，并把击败虫族的秘密告诉安德——"虫族"是一种类似地球上蚂蚁或蜜蜂的智慧生物，只有击杀"虫后"，才能把它们彻底消灭。

随后，安德和原下属成员开始在前线基地接受高级模拟战术训练。在几乎和实战等同的环境中，指挥屏幕上的舰队与"虫族"舰队展开激烈的太空战。经过难以想象的身心煎熬后，凭借对胜利的渴望，安德和他的战友终于带领人类舰队逼近"虫族"的母星。在决战中，安德竟出奇的冷静，以牺牲整个舰队的代价，把具备最强攻击能力的战舰"小医生"，护送到攻击阵位。一击便摧毁了"虫族"的母星。就在安德和战友庆祝模拟战的胜利之时，他们身后的高级军官在观战席上响起了激动的掌声和抽泣声，这让安德等人大惊不已。激动的格拉夫上前为安德解释，刚才的一切并非模拟战，而是真实的太空战，安德已经指挥舰队，摧毁了外星"虫族"的母星，人类终于赢得了这场战争。

无法接受现实的安德变得歇斯底里，格拉夫则命令医官给他注射镇静剂。安德醒来后，却接到了"虫后"的脑波传信。他设法离开前线基地，找到了奄奄一息的"虫后"，并因屠戮她的"族人"而向她表示忏悔。最终，"虫后"原谅了安德，并把自己刚刚产下的卵交给安德。安德答应"虫后"，一定给她的"族人"在宇宙中找到新的栖息地。带着这份沉重的承诺，安德独自一人驾驶飞船飞向了太空深处……

电影《安德的游戏》改编自奥森·斯科特·卡德的同名小说。这部作品与美国科幻文学史上的另一部名作《星船伞兵》有一定的亲缘关系，两者最初的故事主线都围绕着对抗外星"虫族"展开。这一点，就连卡德本人也并未否认。虽然有着相似的主题，但两部作品时隔四分之一个世纪，对人类宇宙战士的描写，则迥然不同。

《星船伞兵》中的人类战士，其实是根据第二次世界大战中美国海军陆战队和伞兵部队中的士兵形象设计的。在小说中，这些人类战士基本上都来自普通的中产阶级家庭，年龄在16~18岁之间，接受过高中教育，身体健康，没有不良嗜好，在新兵营中主要接受的都是纪律训练、体能训练和基本步兵战术训练。当然，为了适应宇宙空间和其他行星上的作战环境，士兵必须掌握较为复杂的数学知识，并具备较强的心算能力，以便能够准确地计算弹道，避免误伤同伴。当然，这样的描写主要是因为作者罗伯特·海因莱因写作的年代限制，当时还没有弹道计算机或是C4ISR（指挥、控制、通信、计算机、情报及监视与侦察）系统的概念。而与外星人战斗的形态，与第二次世界大战中美军在太平洋上的岛屿登陆争夺战的方式大同小异。只是，兼具宇航服和战斗机甲功能的动力装甲服仿佛让每个星船伞兵都变成了一辆单人小坦克。

而在电影《安德的游戏》中，人类在与外星"虫族"开始太空战后，很快就发现，成年人因为学习能力和适应能力比较有限，并不适合太空作战环境。于是，军方决定从青少年中选取天资聪慧者，进行培养训练。安德就是被选中的天才少年之一，而且很快就成为其中的佼佼者，无论是对宇宙空间的适应性，还是领导力，他都显示出过人之处。最终，统帅部以"毕业考核"的名义让安德和他的战队，通过远程遥控系统，指挥人类对外星"虫族"母星的最终决战，并取得胜利。

从《星船伞兵》到《安德的游戏》，科幻创作者对太空战的描写已经大不相同。究其原因，是因为人类对于太空环境和宇宙航行的认识已经大不相同。迄今为止，人类尚未进行过太空战争，而且宇宙空间的非武装化也受到国际法的保护。但是，世界主要军事强国并未因此而放弃对太空武器和太空战略、战术的研究。

　　但以人类现在的科技条件和对太空的开发利用水平，科幻电影中出现的那种宇宙舰队之间的对轰战，是不会发生的。现在比较现实的太空战形式主要是"以空制陆（海）"和"破坏敌方太空设施"。

　　所谓"以空制陆（海）"就是人们通常所说的太空轰炸。就像飞机的发明，让战争从地面转为地空立体作战，拥有制空权的一方，可以派出轰炸机群，飞跃两军在地面上的交火线，对敌方进行空袭，从而使对方丧失作战能力。可以利用航空兵器打击敌人，敌人也可以用同样的手段来打击自身。这就需要建立，以雷达、战斗机、防空导弹等为硬件，以情报搜集处理和空战指挥控制系统为软件的防空体系。由于现代防空武器技术的发展，要想对主要军事强国发动第二次世界大战式的大规模战略轰炸已经不太可能。于是，人们便将目光投向了太空。

　　现代航空兵器的主要作战空域集中在距地面0.1～30千米之间。而距地面100千米以上，则属于外层空间。如果能够在此处布放对地（海）武器系统，就能达到"太空轰炸"的作战效果。

　　在人类并不悠久的太空武器研发史上，最著名的"太空轰炸"当属苏联的"空天母舰计划"。当时，苏联准备在刚刚研制成功的"暴风雪号"航天飞机的基础上，通过放大机体、增加载重的方式，使空天母舰能容纳不少于15架搭载核武器的小型空天轰炸机，而母舰本身也具备搭载核弹的能力，预计一艘空天母舰搭载的核武器爆炸威力相当于2 000万吨TNT当量[①]，足以在一瞬间毁灭一个面积达百万平方公里的国家。值得庆幸的是，这种超级太空武器仅仅出现在设计师的绘图板上，随着美苏冷战的结束，堪称"死亡天使"的空天母舰也就永远停留在人们的想象中了。

当然，空天母舰的消失并不意味着人类对太空武器失去了兴趣。事实上，进入新世纪，一些国家投入了大量资源去研究新型太空武器，目前，最为接近实战部署的太空武器有以下几种。

①激光武器。或许，激光武器是人们最为熟知的一种太空武器了，因为几乎所有关于宇宙战争的科幻影视作品中，都能看到它的身影。从本质上说，这是利用激光束产生的高热效应实现对目标的毁伤效果。只要功率足够大，激光产生的高温可以融化任何金属。而且，在近地轨道范围内部署的激光武器所发射出的以光速运动的激光束，基本上可以做到无延迟攻击，是真正意义上的"指哪儿打哪儿"。此外，激光武器还具有无后坐力、精度更高、可以迅速转移目标等优势。但激光武器在执行对地、对海目标打击任务时，也会受到光的折射、散射等物理条件的制约，从而使攻击效果受到影响。所以，激光武器更适合在外层空间，执行对敌方航天器的损伤任务。

②粒子束武器。这种武器的灵感来源于物理实验室中的粒子

---

① TNT当量，用释放相同能量的TNT炸药的质量表示核爆炸释放能量的一种习惯计量。

加速器，带电粒子进入磁场，在电磁力的作用下就会绕着圈加速，加速到一定程度后就可以将粒子集束发射出去。这些接近光速运动的粒子，只要达到足够多的数量，其与目标撞击产生的高温和粒子间的作用力，就足以让目标"灰飞烟灭"。与激光武器一样，粒子束武器也能做到"发射即摧毁"，目标基本上没有闪避的机会，只能靠装甲或保护层进行防护。

③动能武器。我们知道，一切运动的物体都具有动能。所谓动能武器，就是利用外层空间的特殊环境，使得弹头获得超高动能，从而达到对目标进行打击、毁伤的目的。动能武器的弹头一般是使用致密金属的实心结构，通过轨道加速和高速下坠，可以让原本小质量的弹头，获得更大的撞击动能，本质上与彗星、流星撞击地球的情形是相似的。而通过一定的技术手段，可以对弹头进行制导，已实现精确打击的效果。

④微波武器。相比于前几种直接摧毁敌方目标的杀伤性武器，微波武器的主要作用是"软杀伤"——通过对地面战场区域，释放定频或全频道微波电子信号，实现对敌方无线通信指挥系统的干扰，从而达到破坏敌方通信指挥能力的目的。

以上这些太空武器虽然强悍，但并未真正进行实战部署。21世纪，侦察卫星可提供实时情报，通信卫星提供高质量的战场通信保障，导航卫星则为军事行动提供了精确的定位和授时服务……凡此种种，设想未来的现代战争，也应当考虑如何破坏敌方的太空设施，这可能才是对于我们来说，最现实的"太空战"。

综上所述，现实中的太空战远没有科幻电影中描绘的那样充满英雄主义的浪漫色彩，但其冰冷残酷的一面却没有较大差别。我们热爱和平，但也应该居安思危，拥有强大的太空科技实力，才能阻碍未来那些潜在的侵略者，保卫我们安宁、自在的生活。

本书图片来源于网络，因条件限制无法联系到版权所有者，我们对此深感抱歉。为尊重创作者的著作权，请您与我方联系。

科学出版社

电话：86（010）64003228

邮编：100717

地址：北京东黄城根北街16号